中华科技传奇丛书

从珠算到神威蓝光系统

姚绍益　编著

上海科学普及出版社

图书在版编目(CIP)数据

从珠算到神威蓝光系统/姚绍益编著 . ——上海：上
海科学普及出版社,2014.3
（中华科技传奇丛书）
ISBN 978－7－5427－6033－3

Ⅰ．①从…　Ⅱ．①姚…　Ⅲ．①计算工具－技术史－中
国－普及读物　Ⅳ．①O1－8

中国版本图书馆 CIP 数据核字(2013)第 306575 号

责任编辑：胡　伟

中华科技传奇丛书

从珠算到神威蓝光系统

姚绍益　编著

上海科学普及出版社出版发行

（上海中山北路 832 号　邮政编码 200070）

http://www.pspsh.com

各地新华书店经销　三河市华业印装厂印刷

开本 787×1092　1/16　印张 11.5　字数 181 400

2014 年 3 月第一版　2014 年 3 月第一次印刷

ISBN 978－7－5427－6033－3　定价：22.00 元

前言

　　这本书展示了计算领域发展的艰难历程和灿烂前景。通过古往今来"百种千样计算工具"的解读，可以解析千百年来世界计算领域的沧桑巨变；通过古代"计算学领跑世界"，可以钩沉我国古代计算领域的16个"世界最早"；通过21位"中国古今著名的计算学家"的成就介绍，可以领悟我国古代"计算学领跑世界"的原因；通过5个中国古代"有趣的计算思维问题"，可以明白我国古代计算领域的解析趣题的思路；通过"中国现代计算机的崛起之路"，可以弄清中国在现代计算机的崛起过程中如何急起直追，迎头赶超世界先进水平的……本书从科普的角度，以通俗易懂的语言，讲述计算领域发展的来龙去脉和奇闻异事，构成了一部色彩迷人的计算领域发展史，让人震惊，令人感叹。

　　作为中国梦的重要组成部分，计算领域"中国梦"历史前行的轨迹，领跑世界的光辉成就，清晰地展示在我们面前，值得我们品味、深思，同样值得我们为之骄傲，为之自豪。

目录

一、百种千样的计算工具

算筹 2

算盘 4

对数计算尺 6

帕斯卡加法器 8

莱布尼茨四则运算器 10

雅各织布机 12

巴贝奇差分机 14

分析机 16

计算机制表机 18

Z系列计算机 20

巨人计算机 22

计算机Mark-I 25

第一代电子管计算机 27

第二代晶体管计算机 29

第三代集成电路计算机 31

第四代超大规模集成电路计算机 33

因特网（互联网） 35

云计算 37

二、古代计算学领跑世界

最早应用十进制 40

最早提出负数的概念 42

最早论述分数运算 44

最早提出联立一次方程解法 46

最早论述最小公倍数 48

最早研究不定方程 50

最早运用极限概念 52

最早得出有六位准确数字的 π 值 54

最早创立增乘开方法和创造二项式定理的系数表 56

最早提出高次方程的数值解法 58

最早发现"等积原理" 60

最早发现二次方程求根公式 62

最早引用"内插法" 64

最早运用消元法解多元高次方程组 66

最早研究解同余式组的问题 69

最早研究高阶等差数列并创造"逐差法" 71

三、中国古今著名的计算学家

中国传统数学理论的奠基者刘徽 74

圆周率精密计算第一人祖冲之 76

宋元数学高潮的先驱贾宪 79

中世纪数学泰斗秦九韶 81

多产的数学教育大师杨辉 84

"天元术"之集大成者李冶 86

一代数学宗师沈括 88

平民数学家朱世杰 90

郭守敬编成最精密的历法《授时历》 92

珠算宗师程大位 94

奉西学而未敢"弃儒先"的梅文鼎 96

中算无穷级数新领域的开拓者明安图 98

穷幽极微,推陈出新的汪莱 100

集翻译与教育于一身的数学大师李善兰 102

中国近代数学的先驱熊庆来 ……………………………… 105

"微分几何之父"陈省身 ……………………………………… 107

中国著名数学家陈建功 …………………………………… 110

自学成才的数学家华罗庚 ………………………………… 113

四、有趣的计算思维问题

鸡兔同笼 …………………………………………………… 116

及时梨果 …………………………………………………… 119

两鼠穿墙 …………………………………………………… 121

隔壁分银 …………………………………………………… 123

李白打酒 …………………………………………………… 125

五、中国现代计算机的崛起之路

331型军用数字计算机 …………………………………… 128

DJS100系列机 ……………………………………………… 131

DJS–050微型机 …………………………………………… 133

ZD–2000汉字智能终端 …………………………………… 135

GF20/11A汉字微机系统 ………………………………… 137

巨型计算机银河–I ………………………………………… 139

长城100DJS–0520微机 …………………………………… 142

汉王联机手写汉字识别系统 ……………………………… 144

全对称多处理机系统——"曙光一号" ………………… 146

深腾6800超级计算机 ……………………………………… 148

神威蓝光系统 ……………………………………………… 150

一、百种千样的计算工具

算 筹

⊙拾遗钩沉

计算工具是计算时所用的器具或辅助计算的实物，从数学产生之日起，人们便不断寻求能方便计算或者加速计算的工具。由于不发达的交通阻碍了东西方文化的交流。因此，计算工具在东西方的发展也相对独立。

计算工具在东方的发展基本上就是中国计算工具的发展。中国古代最早的记数方法是结绳，接着是契刻记数，即在骨片、木片或竹片上用刀刻上口子，以此来表示数目的多少。这两种记数

甲骨文上的数字

的方法使用了几千年，到新石器时代晚期，才逐渐地被数字符号和文字记数所取代。商朝时，我国已经产生了比较完备的文字系统和文字记数系统。在出土的商代甲骨文中，出现了"一、二、三、四、五、六、七、八、九、十、百、千、万"这13个记数的单字，有了这13个记数单字，就可以记录十万以内的任何自然数。

算筹这一名称在各个历史时期不尽相同，有算（或筭）、筹、策（或筴）、筹算、筹策（筴）、算子等。钱宝琮先生在引《史记·历书》司马贞"索隐"所引佚书《世本》"黄帝使羲和占日，常仪占月，臾区占星气，伶伦造律吕，大挠作甲子，隶首作算数，容成综斯六术而著调历"后说，"隶首作算数"是"出于传说的附会……算筹是为了繁琐的数字计算工作而创造出来的，它不能作为原始公社时期里的产物"。这是把"算数"的"算"作为"算筹"来理解。他认为算筹的创造年代无考，他认为《论语》子路篇"斗筲之人何足算"，"算"字在这里"作计数解释，足以说明春秋末年以前，人们早已利用算筹来计算了"，这个结论可以成立。

算筹的出现最晚在春秋时代。根据记载和考古发现，古代的算筹实际上是一根根同样长短和粗细的小棍子，一般长为13～14厘米，径粗0.2～0.3厘米，多

用竹子制成，也有用木头、兽骨、象牙、金属等材料制成的，大约270枚为一束，系在腰部一个随身携带的布袋里。需要记数或者计算的时候，就把它们取出来，放在桌上、炕上或地上摆弄。

西汉时期的汉骨算筹

按照中国古代的筹算规则，算筹记数的方法为：以纵横两种排列方式来表示单位数目，其中1～5均分别以纵横方式排列相应数目的算筹来表示，6～9则以上面的算筹再加下面相应的算筹来表示。表示多位数时，个位用纵式，十位用横式，百位再用纵式，千位再用横式，万位再用纵式等，这样从右到左，纵横相间，以此类推，就可以用算筹表示出任意大的自然数了。由于它位与位之间的纵横变换，且每一位都有固定的摆法，所以既不会混淆，也不会错位。这种算筹记数法和现代通行的十进位制记数法是基本一致的。

⊙扩充链接

结绳记数

中国古代最早的记数方法是结绳。所谓结绳记数，就是在一根绳子上打结来表示事物的多少。比如今天猎到五头羊，就以在绳子上打五个结来表示；约定三天后再见面，就在绳子上打三个结，过一天解一个结等，打得大一些的结表示大事，打得小一点的结表示小事。这种记数方法在没有掌握文字的民族中曾经被广泛地采用。鞑靼族在宋代时仍没有掌握文字，每当战争要调发军马时，就在草上打结，然后派人火速传达，有多少结就表示要调多少军马。

古代的结绳记数法

算 盘

⊙拾遗钩沉

　　中国是算盘的故乡。在计算机已被普遍使用的今天，古老的算盘不仅没有被废弃，反而因它的灵便、准确等优点，在许多国家逐渐兴起。因此，人们往往把算盘的发明与中国古代四大发明相提并论，珠算盘也是汉族发明创造的一种简便的计算工具。

早期的骨雕珠算盘

　　算盘究竟是谁发明的，现在已经无法考证，但是它的使用却是很早的。东汉末年，数学家徐岳《数术纪遗》记载："珠算控带四时，经纬三才。"北周甄鸾注云："刻板为三分，位各五珠，上一珠与下四珠色别，其上别色之珠当五，其下四珠各当一。"汉代的算盘，形制与今天的算盘不尽相同。不过，中梁以上一珠当五，中梁以下各珠当一，则与现代相同。东汉数学家徐岳说，他的老师刘洪曾向道家天目先生问学，天目先生一下子解释了14种计算方法，珠算是其中之一，表明至迟在东汉已经有了算盘。有学者认为，算盘这一名称，最早出现在元代学者刘因（1249—1293年）撰写的《静修先生文集》里。"闲着手，去那算盘里拨了我的岁数"，这是《元曲选》中，有一篇无名氏写的《庞居士误放来生债》里提到算盘的。

　　算盘是由筹算演变而来，唐代末年开始用筹算乘除法，到了宋代产生了筹算的除法歌诀，在明代初年，算盘逐渐流行，而论述算盘的著作，在十五世纪中叶已经很多了。1274年，杨辉在《乘除通变算宝》里，1299年，朱世杰在《算学启蒙》里都记载了有关算盘的《九归除法》。1450年，吴敬在《九章详注比类算法大全》里，较为详细地记述了算盘的用法，张择端在《清明上河图》画中也出现过算盘。可见。普遍使用算盘的时间应该在北宋或北宋以前。

　　1593年，明代程大位所辑的《算法统宗》问世，这是一部以珠算应用为主的算书，共17卷，有595个应用题，其中多数问题摘自其他算书，但这些问题都改用珠算计算。书中记载算盘图式，还有珠算口诀以及如何按口诀在算盘上演算的方法。在《算法统宗》中，程大位还首先提出开平方和开立方的珠算法。书末附录"算经源流"记载了宋元以来的50多种数学书名，其中大部分已失传，这个附录便成了宝贵的数学史料。

算法统宗

随着算盘的使用，人们总结出许多计算口诀，使计算的速度更快了。这些口诀朗朗上口，便于记忆，运用又简单方便，因而在我国被普遍应用，同时也陆续传到了日本、朝鲜、印度、美国、东南亚等国家和地区。

算盘被称为人类历史上计算器的重大改革成果，在电子计算器盛行的今天，它依然发挥着特有的作用，我国各行各业都有一批打算盘的高手。除了运算方便以外，它还有锻炼思维能力的功效，因为打算盘需要脑、眼、手的密切配合，用它来锻炼大脑，不失为一种好方法。

⊙扩充链接

日本算盘

日本人称算盘为"十露盘"、"水露盘"。日本学者星野恒认为，明代时，到日本经商的多是福建人，"十露盘"、"水露盘"都是闽南语"算盘"的谐音。日式算盘的倡议者认为：算盘可以减少错误的机会，而且更快。算盘在算盘家手里胜过一台

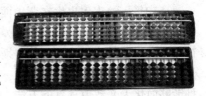

日本式算盘

计算器，而且还能帮助使用者了解算术。日本现存最早的算盘是文安元子年的算盘，算盘珠呈圆形。17世纪初算盘流行日本，近江之大津地方曾有算盘厂，制造算盘。1670年，日本泽口一著《古今算法记》中的算盘图，算珠已变为棱形，梁上一珠。日本每年都有一次全国性的珠算比赛，参赛人员要解20道题，每道题都包括20个11位数相加，比赛要求在5分钟内完成全部。

对数计算尺

⊙拾遗钩沉

20世纪70年代前，广大的工程技术人员几乎人人都有一把模样奇特的尺。它既不用来绘图，也不用来测量长度，而是用作计算的尺。利用它可以方便地进行乘除、乘方、开方及有关三角函数的运算。在电子计算机出现以前的百余年里，它一直是工程师们的忠实助手。

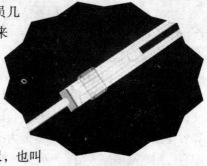

双面对数计算尺

这就是利用对数原理制成的对数计算尺，也叫纳皮尔算筹。

17世纪初，计算工具在西方呈现了较快的发展，首先创立对数概念。闻名于世的英国数学家纳皮尔，在他所著的一本书里，介绍了一种新工具，即后来被称为纳皮尔算筹的器具。

1550年，纳皮尔出生在背山面海、景色秀丽的苏格兰爱丁堡。孩提时代的纳皮尔兴趣广泛、勤学好问，酷爱阅读自然科学方面的书籍，对数学的探求精神尤为突出，13岁进入圣安德鲁斯大学学习。纳皮尔一生与数字打交道，同时爱好天文，他深深地感到计算是一项十分艰巨而繁难的工作，迫切需要找到一种能够简化天文数值计算的方法。他经过数十年的不懈努力，终于在1614年创立了对数理论，纳皮尔也因此一举成名。

比起对数概念来，纳皮尔算筹可能只是一件副产品而已，它发明于1612年，是由一些长条状的木棍组成，木棍的表面雕刻着类似于乘法表的数字。纳皮尔用它来进行乘法计算，他根据乘数和被乘数排列好木棍的顺序，仅需要做简单的加法就能计算出乘积，从而大大简化了数值计算过程。纳皮尔算筹与中国的算筹在原理上大相径庭，它初步显露出对数计算方法的特征。

纳皮尔算筹运用"格子乘法"的原理，可以用加法和一位数乘法来代替多位数的乘法，也可以用除数为一位数的除法和减法来代替多位数的除法，从而使计算得以简化。如计算934×314，首先将9，3，4和3，1，4摆好，遇到对角线上的两上数字就加在一起，这就容易得到934分别乘以3，1，4的结果为2802，934和3736，然后再错位相加，就得到所要求的结果293276。由于格子及斜线组成的图象犹如织锦，在中文书中亦称为"铺地锦"。

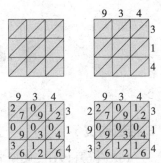

1621年，英国数学家威廉·奥特雷德根据对数原理发明了圆形计算尺，1622年，奥特雷又萌发了一个念头：如果在两个圆盘的边缘标注对数刻度，然后让它们相对转动，就可以制成一种基于对数运算法则的仪器，用加减法来替代乘除运算。后来奥特雷发明的圆盘逐渐演变成圆柱，他和他的学生把圆盘计算尺改为尺座内部移动的滑尺。18世纪末，独具匠心的瓦特在尺座上添置了一个滑标，用来存储计算的中间结果。这样，对数计算尺不仅能进行加、减、乘、除、乘方、开方运算，甚至可以计算三角函数、指数函数和对数函数，它一直使用到袖珍电子计算器面世。即使在20世纪60年代，对数计算尺仍然是理工科大学生必须掌握的基本功，也是工程师身份的一种象征。

不过，它仅仅属于模拟式计算机的范畴，其精度不够，很难准确地用于财务、统计等方面，最终难以避免被电脑取而代之的命运。

⊙扩充链接

发现对数

纳皮尔是苏格兰数学家，从小喜欢数学和科学，以其天才的四个成果被载入数学史，并于1614年出版了他的名著《奇妙的对数定律说明书》，向世人公布了他的这项发明。对数的发现使现代化至少提前了200年。拉普拉斯认为"对数的发现，以其节省劳力而延长了天文学家的寿命"。恩格斯在《自然辩证法》中，则把笛卡尔的坐标、纳皮尔的对数、牛顿和莱布尼兹的微积分共同称为17世纪的三大数学发明。

苏格兰数学家——纳皮尔

帕斯卡加法器

⊙拾遗钩沉

　　1623年6月19日，帕斯卡出生在法国克莱蒙特城。他3岁丧母，没有在正规学校里读过书，但却在他当税务官的父亲严格而耐心的指导下完成了学业，从小就显示出对科学研究浓厚的兴趣。

　　少年帕斯卡对父亲一往情深，每天都看着年迈的父亲同那些枯燥单调的数字打交道，进行着繁琐的四则运算，很想帮助做点事，可又怕父亲不放心。于是，未来的科学家想到了为父亲制做一台可以计算税款的机器。他耗费了整整三年的光阴，设计图纸，动手制造，借助精密的齿轮传动解决了加法的计算问题，1642年，人类有史以来第一台机械计算机——加法器问世。当时帕斯卡给大法官塞基斯写了一封信，信中详细说明了这台机器的结构，并送上了这台机械式加法器。这封信经过印刷后公开发表，在整个欧洲引起轰动。

　　帕斯卡的加法器是一种系列齿轮组成的装置，外形像一个长方盒子，用儿童玩具那种钥匙旋紧发条后就能转动，外面有六个轮子，分别代表个、十、百、千、万、十万等。如果顺时针拨动轮子，就可以进行加法运算，而逆时针则进行减法运算。然而加法有"逢十进一"的进位难题，聪明的帕斯卡采用一种小爪子式的棘轮装置。当定位齿轮朝"9"转动时，棘爪便逐渐升高；一旦齿轮转到"0"，棘爪就"咔嚓"一声跌落下来，达到推动十位数的齿轮前进一档的效果。

帕斯卡加法器

　　加法器在卢森堡宫展出，在欧洲引起了轰动。法国财政大臣观看表演后，准备大力推广这种"人类有史以来第一台计算机"，鼓励投入批量生产。

　　于是，一连50台帕斯卡加法器问世，至少有5台至今还得以保存，在法国巴黎工艺学校、英国伦敦科学博物馆都可以看到帕斯卡加法器的原型。中国的故宫博物院也保存着两台铜制的复制品，是当年外国人送给慈禧太后的礼品。1971年，面世的PASCAL语言，就是为了纪念帕斯卡这位先驱而命名的。

帕斯卡是真正的天才，在诸多领域内都有建树，人们称他为数学家、物理学家、哲学家、流体动力学家，以及概率论的创始人。物理学科中有一个关于液体压强性质的"帕斯卡定律"，就是帕斯卡的伟大发现并以他的名字命名的。同时他也是文学家，其散文文笔十分优美，在法国极负盛名。可惜，长期从事艰苦的研究损害了他的健康，1662年，帕斯卡英年早逝，留给了世人一句至理名言，令人深思："人好比是脆弱的，但是他又是有思想的芦苇。"

⊙扩充链接

帕斯卡裂桶实验

1648年，帕斯卡表演了一个著名的实验：用一个密闭的桶装满水，然后在桶盖上插入一根长的管子，从楼房的阳台上向细管里灌水。由于细管子的容积较小，几杯水灌进去，其深度就很大，水压就把桶压裂了。这就是历史上有名的帕斯卡桶裂实验。一个容器里的液体，对容器底部（或侧壁）产生的压强是与液面高度成正比的。

法国科学家——帕斯卡

莱布尼茨四则运算器

⊙拾遗钩沉

德国的莱布尼茨（1646~1716年），是一位当之无愧的"万能大师"，在数学和哲学以及法律、管理、历史、文学、逻辑等方面都作出过卓越的贡献。因为在这些领域都能够获得显赫的成就，人们往往用"全才"这个词来夸奖莱布尼茨，并且永远纪念他。

帕斯卡逝世后，早年历经坎坷的莱布尼茨被帕斯卡的一篇关于"加法器"的论文勾起了强烈的发明欲望，决心把这种机器的功能扩大为能够进行乘除运算的乘法器。1673年，他获得了一次出使法国巴黎的机会，为实现制造这种乘法器的夙愿创造了契机。在生物学家马略特的帮助下，他聘请到一些著

德国万能大师——莱布尼茨

名机械专家和能工巧匠来协助工作。1674年，他终于造出了一台能进行加减乘除及开方运算的比较完善的机械计算机——乘法器，并将之呈交巴黎科学院验收，后来他还当众做演示。这是继帕斯卡加法器后，计算工具的又一重大的进步。

莱布尼茨设计的这种新型计算机，其用于加法和减法的固定部分，沿用的是帕斯卡加法器，但乘法器包括被乘数轮和乘数轮这两排齿轮则是莱布尼茨首创。这架计算机中的齿轮被称为"莱布尼茨轮"，另外许多装置后来作为计算机的技术标准。

莱布尼茨的乘法器约1米长，内部安装了一系列齿轮机构，基本原理沿袭帕斯卡的，其中增添了一种名叫"步进轮"的装置。这是一个长圆柱体，九个齿依次分布于圆柱表面，旁边有个小齿轮沿着轴向移动，可以逐次与步进轮啮合。小齿轮转动一圈，它可根据它与小齿轮啮合的齿数，分别转动$\frac{1}{10}$、$\frac{2}{10}$

圈……直到 $\frac{9}{10}$ 圈，这样一来，"步进轮"就能够连续重复地做加减法，在转动手柄的过程中，再使这种重复加减转变为乘除

运算。莱布尼茨充分认识到计算机的重要价值，指出："把计算交给机器去做，可以使优秀人才从繁重的计算中解脱出来。"他还预言："该机器未来的应用，一定会更完善，我相信将来的人们，会看得更清楚。"

莱布尼茨乘法器

莱布尼茨从一位友人送给他的中国"易图"里受到启发，悟出"二进制"的真谛。1679年3月15日，莱布尼茨题为"二进位算术"的论文，对此进行了充分的讨论。虽然莱布尼茨的乘法器仍然采用"十进制"，但他提出了"二进制"的运算法则，为计算机的现代电子化发展奠定了坚实的基础。

⊙扩充链接

万能符号

1666年，20岁的年轻人莱布尼茨在他自称为"中学生习作"的《论组合术》一书中，试图创造一种普遍的方法，把一切论证的正确性都归结为某种计算，而且作为一种世界通用的语言或文字，其间的符号或者词语会产生推理，而那些事实以外的谬误，只能是计算中的错误。这就是莱布尼茨20岁的"万能符号"之梦，表明莱布尼茨的思想是超越时代的。

雅各织布机

⊙拾遗钩沉

你知道雅各织布机和计算机是什么血缘关系吗？可能完全超乎你的想象，因为塞在口袋里的掌上电脑，挂在腰上的移动电话，摆在写字台上的台式机，乃至家中的很多家用电器，都是1804年诞生的这一台织布机的嫡系后代。

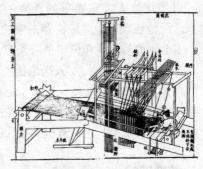

老式古代提花织布机

19世纪早期，法国里昂是世界闻名的丝织之都，里昂的丝织工人们织出的丝绸锦缎图案绚丽，精美绝伦，被人们视为珍品。然而当时使用的工具却是质量十分低劣、效率非常低下的老式手工提花织机。它需要有人站在上面，一根一根地将丝线费力地提起、放下，才能织出精细复杂的丝绸，就好像演员在操纵提线木偶一样。

1804年前后，一个名叫约瑟夫·马利·雅各（1752—1843年）的法国机械师，一个裁缝的儿子，发明了第一台提花织布机。这种革命性的织布机利用预先打孔的卡片来控制织物的编织式样，好比从步行到自行车的飞跃，速度比老式手工提花机一下子提高了25倍。

有人会说，这确实是世界织布史上的里程碑，那怎么和计算机扯上关系了？这是连发明者雅各都意想不到的。他设计了这种方法，在厚纸板上打出有图案的孔。一根特殊的线通过每个孔控制组成编织经线中的某一根纱，带着那根纱一起移动进入织布机的下一操作；如果这个孔被堵住，线就停下来脱离这一操作。一排孔代表在织布机的某个指定操作中要织的一排纱线……正是他革命性地运用了打孔卡控制机器，立刻就被许多敏锐的科学家察觉，打孔卡不仅仅只能用来织布，而且很可能打开了一扇信息控制的大门。

从"二进制"意义上来说，这也许是第一台可以"编程"的机器，每个穿孔就相当于"二进制"计数法中的"1"或"0"，尽管雅各从未将其用于数学

设备输入的穿孔卡片

目的，但是它第一次使用了穿孔卡片这种输入方式。如果找不到输入信息和控制操作的机械方法，那么真正意义上的计算工具怎么可能出现呢？

可是，不可思议的事情发生了。当时的法国手工裁缝们将雅各织布机看作是对自身生计的威胁，所以对雅各进行人身攻击，一怒之下甚至烧掉一批雅各提花织布机。然而这种革新所带来的商机最终超过了反对改革的恐惧。热衷于科技和工业的法国皇帝拿破仑龙颜大悦，特别嘉奖了这位发明英雄，还破格地允许他向每一台投入生产的雅各提花织布机收取专利费呢！到1812年，大约有11000台雅各提花织布机在法国投入使用。

20世纪40年代，IBM公司开始制造电子计算机，不过那时没有放弃类似于雅各提花织布机上的那种打孔卡片，仍然利用它编程。这种状况一直延续到20世纪80年代后期，打孔卡片最终被电子媒介——磁带和光盘所取代。

⊙扩充链接

莱布尼茨与《易经》

据李约瑟考证，莱布尼茨几乎一生都对中华文化保持着非常大的兴趣，《中国科学技术史》中还专门有一篇《朱熹、莱布尼茨和有机哲学》的论文。莱氏的数理逻辑，据说也是因为看到一本介绍中国的书，受到中国汉字象形文字的特征的影响而创立的。更有一个令人匪夷所思的传闻，是他又从神秘的易图中得到启发，发现易图与二进制相通，才发明出二进制的。

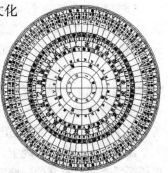

易经

巴贝奇差分机

⊙拾遗钩沉

查尔斯·巴贝奇1792年12月26日出生于英国，是世界上第一位推出类似于现代计算机五大部件概念的科学家。这位银行家的儿子，18岁进入英国剑桥大学，那时他掌握的代数学知识竟然比他的授课老师还丰富。19世纪初期，各种数学表、航海表都是人工计算的，这不仅花费大量时间，而且充满了错误。巴贝奇在校学习期间，就萌发了用机器来计算数学表的想法，并和几位志同道合的朋友一起成立了"分析学会"，在数学计算领域里切磋、探索。毕业留校，24岁的年青人荣幸地当选为英国皇家学会会员，并受聘担任剑桥大

英国科学家——查尔斯·巴贝奇

学数学教授。他本来是可以利用这种很少有人能够获得的殊荣，走上鲜花铺就的坦途。然而，这位旷世奇才却选择了一条无人敢于攀登的崎岖险路。

18世纪末，法兰西发起了一项宏大的计算工程——人工编制《数学用表》，法国数学界调集大批精兵强将，组成了人工手算的流水线，尽管算了个天昏地暗，才完成了17卷大部头书稿。即便如此，计算出的数学用表仍然谬误百出。有一天，巴贝奇与著名的天文学家赫舍尔翻开大部头的天文数表，翻一页就发现出现一个错，翻两页就有更多错。面对这样不堪入目的数学表，巴贝奇甚至痛苦地喊出声来："天哪，但愿上帝知道，这些计算错误已经充斥弥漫了整个宇宙！"这也许就是巴贝奇萌生研制计算机构想的诱因。

1812年，"有一天晚上，我坐在剑桥大学的分析学会办公室里，神志恍惚地低头看着面前打开的一张对数表。一位会员走进屋来，瞧见我的样子，忙喊道：'喂！你梦见什么啦？'我指着对数表回答说：'我正在考虑这些表也许能用机器来计算！'"——这是巴贝奇自传里的一件轶事。

巴贝奇的第一个目标是制作一台差分机，不过从设计绘图到零件加工，都

得自己亲自动手。那年他刚满20岁。他从雅各提花织布机上获得了灵感，闪烁出程序控制的灵光。整整十年，巴贝奇孤军奋战，初战告捷，1822年，第一台差分机呱呱坠地，它能根据设计者的安排，自动完成高次多项式的整个运算过程，运算精度达到了六位小数，当即他就演算出好几种函数表。以后的实践证明，这种程序设计思想萌芽阶段的产物，非常适合于编制航海和天文方面的数学用表。

巴贝奇差分机

接着，研制第二台差分机。转眼又是10年，在研制过程中，他一味追求尽善尽美，对于多种部件的要求精益求精。大约25 000个零件，其误差不得超过每英寸千分之一，即使运用现在的加工技术和设备，要想造出这种高精度的机械也谈何容易。因此这种近乎苛刻的想法与要求，尽管为英国机床工业的发展培训了不少工程师，但是却超越了当时的技术水平。苦苦支撑了第三个十年，政府资助他的17 000英镑和他本人的13 000英镑花光了，终于感到自己无力回天，在痛苦的煎熬中，只得把全部设计图纸和已完成的部分零件送进伦敦皇家学院博物馆供人观赏。

⊙扩充链接

将数学方法引入到管理领域

巴贝奇从小就养成对任何事情都要寻根究底的习惯，拿到玩具也会拆开来看看里面的构造。他制定了一种观察制造业的方法。这种方法同后来别人提出的"作业研究的科学的、系统的方法"非常相似。观察者用这种方法进行观察时利用一种印好的标准提问表，表中包括的项目有：生产所用的材料，正常的耗费、费用、工具、价格，最终市场，工人、工资、需要的技术，工作周期的长度等。巴贝奇是第一个将数学方法引入到管理领域，试图用数学方法来解决管理问题的数学家。

分析机

⊙拾遗钩沉

　　面对第二台差分机的挫折和失败，巴贝奇没有气馁。1833年，他又开始构思定名为"分析机"的新自动化计算机。1834年，他从法国用穿孔卡片操纵机械化织机上的织图装置得到启发，提出了更大胆的分析机设计计划。巴贝奇把分析机设计得几乎天衣无缝，他准备用蒸汽机为动力，驱动大量的齿轮机构运转。分析机有三大部分：其一是齿轮式的存贮仓库，每一齿轮可贮存10个数，总共储存1000个50位数；其二是运算作坊，运用帕斯卡的转轮的基本原理，用齿轮间的啮合、旋转、平移等方式进行数字运算。他改进了进位装置，使得50位数加50位数的运算可在一次转轮之中完成；其三类似于电脑里的控制器，创造性地提出了自动制定指令序列的概念，计算机借此可不需要人的帮助，从上一步直接运行到下一步，比如第一步运算结果是"1"，就接着做乘法，若是"0"就做除法。其开创性在于这是历史上第一台具有运算器、存储器、控制器、输入输出器等基本部件的通用计算机，也就是说，现代电脑的结构几乎就是巴贝奇这种分析机的翻版，只不过主要部件被换成了大规模集成电路而已。

　　为了分析机的设计与研制，巴贝奇耗尽了毕生的精力。他先后设计了30多种方案，并设计2000多张详细的机器图纸和几万个零件的图纸，但因为他看得太远，分析机的设想超越了他所处时代至少一个世纪，没有人能够理解，而且又受到当时技术条件的极大限制。近40年的研制，分析机终未能制成，巴贝奇注定成为悲剧人物。巴贝奇在生命垂危之际留言道："任何人不惜步我的后尘，而能成功地建造一个包括了数学分析的全部执行部门的机器……我就敢把我的声誉交给他去评价，因为只有他才能充分鉴赏我努力的实质及其成果的价

巴贝奇分析机部件

值。"1871年，巴贝奇遗憾地离开了人世，他留下厚厚的图纸、零散的分析机部件和一大堆笔记，包括那种在逆境中自强不息，为追求理想奋不顾身的拼搏精神，也被收藏在伦敦博物馆。

巴贝奇去世后，他的遗言被制成自动程序控制的机电式计算机——MaRK–I的研制者美国科学家霍华德·艾肯博士所引用，并写到MaRK—I的说明书上，因为艾肯博士的研制完全是受巴贝奇科研资料的启发，人们无不为巴贝奇设计思想之巧妙而加以赞叹，自动化计算机研制的先驱巴贝奇当之无愧。

美国科学家——霍华德·艾肯

⊙**扩充链接**

世界第一位软件工程师

巴贝奇知音难觅，但当时英国著名诗人拜伦唯一的女儿爱达·拉夫拉夫斯基伯爵夫人却能理解巴贝奇的工作，由于她杰出的数学天赋，在英国剑桥大学就拜巴贝奇为师，27岁时，她成为巴贝奇科学研究上的合作伙伴，迷上这项常人不可理喻的"怪诞"研究，不仅全力协助研制分析机，而且在经济上也给予了他以最大支持。可惜爱达早逝，但她开天辟地第一回为计算机编出了程序却与世长存，其中包括计算三角函数的程序、级数相乘程序、伯努利函数程序等，爱达编制的这些程序，即使到了今天，电脑软件界的后辈仍然不敢轻易改动一条指令。她的名字也与现代计算机程序设计语言Ada紧紧地联系在一起，被誉为世界第一位软件工程师。

计算机制表机

⊙拾遗钩沉

在计算机发展史上，曾记录过一批业余发明家的功勋。他们既不是数学家，也不是专门从事设计的计算机工程师，美国人口调查局的统计专家赫曼·霍列瑞斯博士就是其中之一。

1880年，美利坚合众国举行又一次全国性人口普查，为当时5000余万美国人登记造册。霍列瑞斯博士是德国侨民，美国哥伦比亚大学矿业学院毕业后来到人口调查局，从事人口普查的统计工作。他曾与同事们一起，风尘仆仆地深入到许多家庭，填表征集资料，深知每个数据都来之不易；他也曾终日埋在数据堆里，望着那汗牛充栋的人口登记册，用手摇计算机"摇"得满头大汗。据他的估算，分析这些千辛万苦收集到的数据，至少要花费七年时间。也就是说，美国政府和公民要想得知这次普查的人口状况，几乎需要等到下一次人口普查时，这岂不误了大事？

统计专家——赫曼·霍列瑞斯

霍列瑞斯设计的制表机，将人口普查的数据制成"穿孔纸带"，每个人的调查数据有若干项，如性别、籍贯、年龄等，他把相应的调查项目依次排列，然后根据调查结果在每人的相应项目位置上穿孔。例如，穿孔卡片"性别"栏目下，有"男"和"女"两个选项；"年龄"栏目下有从"0岁"到"70岁以上"等系列选项，史密斯先生是50岁，男性，就在"性别"栏目"男"的名下打个小孔，在"年龄"栏目"50"之下也打个小孔，如此等等。当穿孔纸带的栏目统统被打上小孔之后，它就详细记录了某一次调查的结果。霍列瑞斯在专利申请书里描述说："每个人的不同统计项目，将由适当的小孔来记录，小孔分布于一条纸带上，由引导盘牵引控制前进。"

1900年，美国人口普查全部采用霍列瑞斯制表机，平均每台机器可完成500人的工作量，全国的数据统计仅用1年多时间。1911年，这种制表机也在奥地利、加拿大、丹麦、英格兰、俄罗斯等国家用于统计人口。由于它不仅统计速度快，而且能够以新的方式理解信息，通过重新布局制表机上的线路，

霍列瑞斯发明的制表机

很快对数千以至数百万张卡进行分类。人口调查局报告中写道："用这种机器，在不增加费用的前提下，过去许多无法编制的表格现在都有可能统计出来了。"

直到1888年，霍列瑞斯才在实际完成自动制表机设计后申报了专利。霍列瑞斯发明的制表机除统计数据外，几乎没有别的什么用途，然而，制表机穿孔卡第一次把数据转变成二进制信息，这种方法一直沿用到20世纪70年代，数据处理也成为电脑的一项主要功能。

⊙扩充链接

灵感闪现

一次，霍列瑞斯乘火车到美国西部办事，途中仍在苦苦思考制表机如何改进。他慢慢走向检票口，从口袋里掏出火车票，低头一看，灵感的火花突然闪现，顿时愣在那里。检票员不耐烦地催促："先生，请您剪票！"霍列瑞斯把车票递上前，检票员一把夺过去，"卡嚓"一响，属于他"个人"的这张车票，随即被"穿"了一个小孔。霍列瑞斯眼睛一亮，"把连续的'穿孔纸带'换成每人一张'穿孔卡片'，比林斯早就提醒过的，我怎么就把它给忘了呢？"

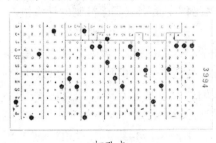

打孔卡

Z系列计算机

⊙拾遗钩沉

20世纪30年代，许多科学家开始探索利用电气元件来制造计算机，第一个采用电气元件制造计算机的是德国工程师康拉德·朱斯（1910—1995年）。

1938年，朱斯制成第一台全部采用继电器的二进制计算机——Z-1型计算机，它具有可存贮64位数的机械存储器，朱斯设法把这个存储器同一个机械运算单元连结起来。不过其性能不太理想，运算速度慢，可靠性也比较差。后来Z-1在战火中被毁，只有一个复制品现在陈列在柏林博物馆里。

1940年，在Z-1的基础上，朱斯利用一些电话公司废弃的继电器制成了第二台计算机，命名为Z-2。由于是二手继电器，可靠性也不高。后来，德国航空研究所希望朱斯的计算机能帮助解决机翼的震颤问题，并愿意予以资助，飞机制造厂也同意朱斯成立一个15人的研究小组，朱斯的研制工作进展较快。

1941年，朱斯的Z-3型计算机开始运行，这是世界上第一台采用电磁继电器进行程序控制的通用自动计算机，一共有2600个继电器，能储存64个22位的数，用穿孔纸带输入，运用浮点"二进制"数运算，采用带数字存贮地址形式的指令，能进行数的四则运算和求平方根的运算，做一次加法需要0.3秒。Z-3型体积已经缩小，只有一般衣柜大，它有一块精巧的控制面板，可以按上面的按钮来操作，能自动完成一连串运算，也就是说它是完全程序控制的计算机。

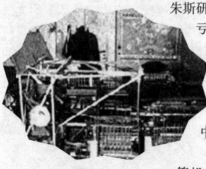

Z系列型计算机

朱斯研究Z-3，包含服务于纳粹德国的意图，幸亏纳粹军队不太感兴趣，否则一旦用于法西斯的武器研究，帮助他们制造出毁灭性更大的武器，那么，第二次世界大战也许就要延长甚至改写了。Z-3型计算机工作了三年，在1944年美军对柏林的空袭中毁于一旦。

1945年，朱斯又完成了Z-4型机电式计算机的研制，它比Z-3型机更先进，曾在德国

"V-2"火箭的研制中发挥不小的作用。Z-4型机一直工作到1958年，曾为法国国防部效劳。战后，朱斯创办了计算机公司，专门生产小型计算机，较为成功的是Z-ll，后来又研制出Z-22、Z-23型通用计算机。1966年，朱斯把公司出售给西门子公司。

⊙扩充链接

图灵测试

　　图灵测试也称图灵判断，这是图灵提出的一个关于机器人的著名判断原则，来测试机器是不是具备人类智能。它要求测试人在与被测试者（一个人和一台机器）隔开的情况下，通过一些装置（如键盘）向被测试者随意提问，问过之后，如果测试人不能确认被测试者30%的答复哪个是人、哪个是机器的回答，那么这台机器就通过了测试，就可以被认为该机器具有人类智能。当然到目前为止还没有一台机器能够通过图灵测试。

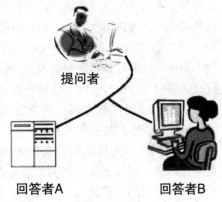

提问者

回答者A　　回答者B

图灵测试示意图

2012年6月底，英国布莱切利庄园举行了一场国际人工智能机器测试竞赛，由俄罗斯专家设计的"叶甫根尼"电脑程序一马当先，其29.2%的回答均成功"骗过"了测试人，仅差0.8%便可通过"图灵测试"这一关，它成为目前世界上最接近人工智能的计算机。

巨人计算机

⊙拾遗钩沉

1943年，为了破译德国人的一种机械式密码，英国科学家研制成功第一台巨人计算机。在巨人计算机问世之前，英国破译德军的高级密码一般需要六至八个星期，而使用巨人计算机后时间大为缩短，仅仅需要六至八小时。巨人计算机投入使用后，德军大量高级军事机密接连被破译，纳粹德国败亡的进程大大加快。

巨人计算机

第二次世界大战期间，英国在布雷契莱庄园成功破解了部分德国军事通讯密码，在"图林炸弹"机的协助下，德军的"爱尼格玛"密码机大受威胁。图林炸弹机是艾伦·图灵与高登·威奇曼研制出来的更先进的译码计算机，它是在1938年的波兰译码员雷吉威斯克研制的破译机的基础之上，运用一连串的电子逻辑演绎器件，找出可能是"爱尼格玛"密码机的密码。

俗话说，道高一尺，魔高一丈，德国很快研制出另一种更先进的保密电传打字机，代号为"鱼"。在它面前，"图林炸弹"机顿时丧失威力。1942年，图林提议由马克斯·纽曼教授和邮政研究所工程师托马斯·弗劳尔斯研制先进的电子管巨人计算机，1943年，巨人机在邮政研究所里制造成功，于1943年10月秘密运到布雷契莱庄园。

这台巨人计算机安装在两个箱子里，用支架架起，总重量约一吨，功率达4.5千瓦；有1500个电子管，五个处理器并行工作，阅读速度提高到每秒5000字符。巨人机的程序均以接插方式运行，一部分是永久性的，一部分是临时插入的。密码文本由五孔纸带输入，经打字机输出。不过它产生的热量很大，操作员一般不能戴帽子，以免热得汗流满面。

1944年2月，巨人计算机正式亮相。依靠10台巨人机共同工作，布雷契莱

庄园向英国和盟军指挥部发出"超级机密"电报达48000份，平均每小时破译的德国情报超过了11份。由于巨人机提供的情报及时准确，德军"海狼行动"遭到惨败，600余艘舰艇先后被击沉，两万余官兵葬身鱼腹。

据说，整个二战期间，英国一共启用过11台巨人机，但其实体器件、设计图样和操作方法，直到1970年代都还是一个谜。因为温斯顿·丘吉尔亲自下达一项销毁命令，将巨人机全都拆解成巴掌大小的废铁，因此在计算机历史上未留下一纸纪录。根据参与制造巨人机工作人员冒险保留下的电路图等资料，以及一张拍摄于1945年的照片，英国科学家经过14年努力终于复制出巨人机

当年被拆毁的巨人计算机上的一个部件

，使人们能够再睹世界首台可编程电子计算机的风采。

有人认为，巨人计算机算不上真正的数字电子计算机，但在继电器计算机与现代电子计算机之间起到了桥梁作用。

⊙扩充链接

"巨人"参战

1944年初，盟军筹划"霸王"战役，准备由英美联军横渡英吉利海峡，在法国登陆，从而开辟第二战场。盟军统帅艾森豪威尔将军想欺骗德国人，让他们误以为盟军攻击方向是加莱并非诺曼底。为配合这一欺骗行动，布雷契莱制造出一台功能更强的巨人计算机，电子管数增加到2400只。盟军用巨人计算机破译的德军密码，不断发出假情报，并且精心策划，将所有"超级机密"的情报渠道都加以伪装，让德军相信情报不

霸王行动的诺曼底登陆

一、百种千样的计算工具

是来自巨人机。隆美尔终于上当受骗，把精锐部队调往加莱地区，英美联军诺曼底登陆成功，重返欧洲大陆，第二次世界大战的战略态势发生了根本性变化。当希特勒固守海岸的希望被彻底粉碎时，说巨人计算机改写了战争进程，也许并不为过。

计算机Mark-I

一、百种千样的计算工具

⊙拾遗钩沉

　　1900年3月9日，霍华德·艾肯生于美国新泽西州的霍博肯。1923年，他以优异成绩毕业于威斯康星大学，1939年，获哈佛大学博士学位并留校任教。在攻读博士学位期间，艾肯阅读了计算机先驱巴贝奇等人的笔记后，受到很大启发。1937年，艾肯写出题目为《自动计算机的设想》的论文，提出把各单元记录机器连接在一起，利用打孔纸输入加以控制的构想。他还提出要用机电方式，而不是用纯机械方法来构造新的分析机。1937年底，当时国际商业机器公司（即著名的IBM公司）总经理托马斯·沃森对艾肯的想法产生极大的兴趣，决定提供100万美元的研究经费，并由IBM来承担制造这一计算机。艾肯得到资助后，哈佛大学也趁机成立了计算研究所，IBM又派来莱克、德菲和汉密尔顿等工程师组成攻关小组，艾肯和他的同事们怀着对科学和社会奉献的理想奋不顾身地工作，经过几年的艰苦努力，计算机终于问世。艾肯把它取名为Mark-1（马克1号），又名自动序列受控计算机。1944年2月，Mark-1在哈佛大学正式运行。从外表看，它的外壳用钢和玻璃制成，长约15米，高约2.4米，重达5吨，是个恐龙般的庞然大物，几乎塞满了计算机研究所的一间大屋子。Mark-1有15万个元件和长达800千米的电线，使用了3 000个电气操作的开关来控制机器的运转，工作效率令当时的人们十分吃惊——每分钟进行200次以上的运算，可以作23位数加23位数的加法，一次仅需要0.3秒；而进行同样位数的乘法，则需要6秒多的时间。只是它运行起来响声不绝于耳，人们很难在它身旁说话，"就像是挤满了一屋子编织绒线活的妇女"。

Mark-1计算机

　　Mark-1是有史以来最大的一部电动计算机，虽然不是电子控制，但仍被视为电脑的一种，主要是因为其指令是用穿孔纸带输入机器，然后在存储器、运算器和控制器中进行处理，运算的结果可以出现在穿孔卡片上，指令也可以更新。当然，它的运算速度与现代电脑相比的确太慢了。Mark-1在哈佛大学服役了15年，主要为美国海军进行计算，包括后勤服务、射击弹道以及第一颗原子弹的数学模拟等，1959年被淘汰，而许多现代计算机先驱者都在这台机器上工作过。

1945~1947年，艾肯在IBM的支持下又负责研制成功了经过改进的Mark-2计算机。在计算机发展史上，Mark-1与Mark-2都有十分重要的地位。

1973年3月14日，霍华德·艾肯在美国圣路易斯病逝。

⊙扩充链接

开展计算机的教育和培训

在开发Mark-1的同时，艾肯还开展了计算机的教育和培训活动。1947~1948年，艾肯在哈佛大学率先开设了"大型数字计算机的组织"课程，其后不久又开设面向计算机的"数值分析"。艾肯先后带出了15名博士生和许多硕士生，这些人后来大多成为计算机领域早期的骨干。艾肯还主办计算机培训班、讨论班、学术研讨会，可以说，艾肯在这些方面所作出贡献与他开发Mark-1计算机相比，意义甚至还要更大一些。

第一代电子管计算机

⊙拾遗钩沉

在美国宾夕法尼亚大学的莫尔电机学院揭幕典礼上，世界上第一台现代电子计算机ENIAC（埃尼阿克）为来宾表演了它的"绝招"——分别在1秒内进行5000次加法运算和500次乘法运算，与当时最快的继电器计算机的运算速度相比，要快1000多倍，为此来宾们大加喝彩。不过这个庞然大物占地面积达170平方米，重达30吨，肚子里装有18800只电子管。

ENIAC计算机

第二次世界大战中，交战双方都使用了大量的飞机和火炮，猛烈轰炸对方军事目标。研制和开发新型大炮和导弹迫在眉睫，为此美国陆军军械部在马里兰州的阿伯丁设立了弹道研究实验室，要求该实验室每天为陆军炮兵部队提供六张火力表，按当时的计算工具，实验室雇用200多名计算员日以继夜工作，也要两个多月才能完成一张火力表。没等先进的武器研制出来，恐怕败局就已定了。

为了改变这种不利的局面，莫希利提出试制第一台电子计算机ENIAC的初始设想——高速电子管计算装置的使用，期望用电子管代替继电器以提高计算机的速度。美国军方马上拨款15万美元予以支持，并且成立了一个以莫希利、埃克特为首的研制小组开始研制。正在参加美国第一颗原子弹研制工作的数学家冯·诺依曼带着原子弹研制过程中产生的大量计算问题，加入了研制小组。他对计算机许多关键性问题提出了解决措施，保证了其顺利

数学家——冯·诺依曼

27

问世。历时两年多，ENIAC研制成功。1945年春天，ENIAC首次试运行成功，从此揭开了电子计算机发展和应用的序幕。

第一代计算机ENIAC操作指令是为特定任务而编制的，每种机器的机器语言各不相同，功能受到限制，速度比较慢。而且电子管体积大、功耗大、发热厉害、寿命短、电源利用率低，且需要高压电源，没有系统软件，只能用机器语言和汇编语言编程．因此它只能在少数尖端领域中用于科学、军事和财务等方面的计算，后来它的绝大部分用途已被固体器件晶体管所取代。但是电子管负载能力强，线性性能优于晶体管，在高频大功率领域的工作特性要比晶体管更好，所以仍然在某些特定地方继续发挥着不可替代的作用。

作为第一代计算机，它起着承上启下、继往开来的作用，推动了计算机事业的快速发展，它所采用的二进位制与程序存贮等基本思想，奠定了现代电子计算机的技术基础。

⊙**扩充链接**

电子管

1904年，世界上第一只电子管问世，标志着世界从此进入了电子时代，英国物理学家弗莱明获得这项发明的专利权。历时40余年，电子管一直在电子领域里占据统治地位。但是，电子管十分笨重，能耗大、寿命短、噪声大，制造工艺也十分复杂。第二次世界大战中，电子管的缺点暴露无遗，在雷达工作频段上使用的电子管，效果极不稳定；移动式的军用器械和设备上使用的电子管易出故障。因此，促使科学家迅速研制替代产品——晶体管。

英国物理学家弗莱明

第二代晶体管计算机

⊙拾遗钩沉

早在18世纪，人们发现自然界有些材料允许电流通过的程度，介于导体和绝缘体之间，比如锗和硅的氧化物，人们称其为半导体。半导体一旦受到光照或在掺入极少量的杂质后，它们允许电流通过的能力会成百上千倍地提高。1947年，贝尔电话实验室研制出了第一个半导体三极管，即晶体管。

晶体管

晶体管没有玻璃管壳，不需要真空，体积很小，生产成本很低，寿命比电子管长得多。因此，晶体管一问世，立即得到迅速发展且取代了电子管的位置。

晶体管的发明，在计算机领域引来一场晶体管革命，它以尺寸小、重量轻、寿命长、效率高、发热少、功耗低等优点改变了电子管元件运行时产生的热量太多、可靠性较差、运算速度不快、价格昂贵、体积庞大这些缺陷，从此大步跨进了第二代的门槛。

1955年，贝尔实验室研制出世界上第一台全晶体管计算机TRADIC，它装有800只晶体管，只有100瓦功率，占地也仅有3立方英尺。同一年，美国在阿塔拉斯洲际导弹上装备了以晶体管为主要元件的小型计算机。IBM公司小沃森向各地IBM工厂和实验室发出指令："从1956年10月1日起，我们将不再设计使用电子管的机器，所有的计算机和打卡机都要实现晶体管化。"1958年，IBM公司制成了第一台全部使用晶体管的计算机RCA501型。由于采用晶体管逻辑元件以及快速磁芯存储器，计算机速度大幅度提高，从每秒几千次一下子提高到几十万次，主存储器的存贮量，从几千字节一下子提高到10万字节以上。

1959年，IBM公司又生产出全部晶体管化的电子计算机IBM7090，换下了

29

诞生不过一年的IBM709电子管计算机。IBM7090从1960年到1964年一直统治着科学计算的领域，并作为第二代电子计算机的典型代表，永载计算机发展的史册。

1958~1964年，从印刷电路板到单元电路和随机存储器，从运算理论到程序设计语言，不断的革新使晶体管电子计算机日臻完善。1961年，世界上最大的晶体管电子计算机ATLAS安装完毕。1964年，中国制成了第一台全晶体管电子计算机441-B型。

⊙ **扩充链接**

晶体管诞生

1947年12月，美国贝尔实验室的肖克利、巴丁和布拉顿组成的研究小组，研制出一种点接触型的锗晶体管。由于其响应速度快，准确性高，可用于各种各样的数字和模拟功能器件，包括放大、开关、稳压、信号调制和振荡等器件。晶体管的问世，是20世纪的一项重大发明，是微电子革命的先声。1948年6月30日，贝尔实验室主任鲍恩郑重宣布：“我们将该项发明称之为晶体管，它是一种电阻或半导体器件，能将通过它的电信号进行放大。”1956年，肖克利、巴丁、布拉顿因发明晶体管同时荣获诺贝尔物理学奖。

肖克利、巴丁和布拉顿

第三代集成电路计算机

⊙拾遗钩沉

20世纪60年代初期，美国仙童公司的"第一块集成电路的发明家"基尔比和"提出了适合于工业生产的集成电路理论的人"诺伊斯同时发明了集成电路，引发了电路设计革命。集成电路是做在比手指甲还小的晶片上，包含了几千个晶体管元件的一个完整的电子电路。

集成电路发明不久后的1961年，美国德州仪器公司用不到九个月时间，研制出第一台用集成电路组装而成的计算机，共有587块集成电路，重量不超过300克，体积不到100立方厘米，功率只有16瓦。

集成电路

1964年，摩尔博士天才地预言道，集成电路上能被集成的晶体管数目，将会以每18个月翻一番的速度稳定增长，并在数十年内保持着这种势头。摩尔的这一预言，被后来集成电路芯片的发展曲线证实，并在今后较长时期继续保持着有效性，因此被誉为"摩尔定律"。此后，集成电路迅速把计算机推上高速成长的快车道。

1964年4月7日，IBM公司同时在14个国家、全美63个城市宣告，世界上第一个采用集成电路的通用计算机IBM360系统研制成功，该系列有大中小型计算机达6个型号，它同时兼顾了科学计算和事务处理两方面的应用，各种机器都能够相互兼容，各方面的用户都能够适用，就如罗盘有360度刻度一样，具有全方位的特点，所以命名为360。它的研制开发经费是研制第一颗原子弹的曼哈顿计划的2.5倍，从而开创了民用计算机使用集成电路的先例。与第二代晶体管计算机相比，它体积更小、价格更低、可靠性更高、计算速度更快。IBM360成为第三代集成电路计算机的里程碑。

20世纪60年代，集成电路的发明，预示着硅片时代正在到来。它使一台小

31

IBM 360计算机

型电子计算机便能容纳几千个电路，大一些的则可增加100倍甚至更多。现代的技术可以在一块不超过10平方毫米的硅片中包含几千个电子原件。20世纪70年代以来，伴随计算机用集成电路的集成度的提高，微处理器和微型计算机应运而生，并得到广泛应用。随着集成电路技术的快速发展，计算机的体积不断缩小，各方面的性能飞速提高，而价格却继续下跌，计算机走进人们生产生活的各个领域。1993年，Intel公司推出了第五代微处理器Pentium（中文名"奔腾"），它的集成度已经高达310万个晶体管，主频高达66MHz，计算机从此进入"奔腾"时代。目前，计算机中CPU的主频已经达数GHz，内存也已达数Gb。可以毫不夸张地说，没有集成电路就没有微型计算机的今天，更没有微型计算机的明天。

仅仅半个世纪，集成电路变得无处不在，计算机、手机和其他数字电器成为现代社会结构中不可缺少的一部分。这是因为，现代计算、交流、制造、交通系统，包括互联网，全都依赖于集成电路的存在。很多学者认为，集成电路带来的数字革命，是人类历史中最重要的事件。

⊙扩充链接

基尔比与集成电路

早在1952年，英国科学家达默就指出，由半导体构成的晶体管可以组装在一块平板上而去掉之间的连线。根据这种想法，美国德克萨斯仪器公司的青年研究人员基尔比在笔记本上画出了设计草图。他趁公司休假之机独自实验，成功地把晶体管、电阻和电容等集成在微小的平板上，用热焊方式把元件以极细的导线互连，在仅仅4平方毫米的面积上，集成了20余个元件。1959年2月6日，基尔比申报专利，这种由半导体元件构成的微型固体组合件，从此被命名为"集成电路"。

第四代超大规模集成电路计算机

⊙拾遗钩沉

20世纪60年代，微电子技术发展迅猛。1967年和1977年，分别出现了大规模集成电路和超大规模集成电路，并立即应用到计算机的逻辑元件和主存储器里。所谓大规模集成电路，是指在单片硅片上集成1 000～2 000个以上晶体管的集成电路，其集成度比中小规模的集成电路提高了1～2个以上数量级。此时计算机发展到了微型化、耗电极少、可靠性很高的阶段。这样，由大规模和超大规模集成电路组装成的计算机，就成为第四代电子计算机。

美国ILLIAC-IV计算机，是第一台全面使用大规模集成电路作为逻辑元件和存储器的计算机，它是计算机发展到了第四代的标志性产品。1973年，德国西门子公司、法国国际信息公司与荷兰飞利浦公司联合成立了统一数据公司，研制出的Unidata7710系列机；1974年，英国曼彻斯特大学研制成功的DAP系列机；1975年，美国阿姆尔公司研制成470V/6型计算机和日本富士通公司生产出M-190机，都是比较有代表性的第四代计算机。

大规模集成电路使军事工业、空间技术、原子能技术得到前所未有的发展，这些领域的快速发展对计算机提出了更高要求，更有力地促进了计算机工业的空前大发展。随着大规模集成电路技术的不断发展，计算机除了向巨型机方向发展外，还朝着超小型机和微型机方向飞跃前进。

这里，不能不提及美国仙童公司，它对计算机的贡献不仅仅在于发明集成电路，更大的贡献是培育了一大批杰出的科学家和工程师。1970年，英特尔（Intel）公司的工程师霍夫运用层叠的集成电路技术，把许多芯片的功能放到一块集成电路上来，称其为"处理器"，依据它在计算机中的作用也就是

Intel 4004

"中央处理器"；接着，世界上第一个单片集成电路的处理器——Intel 4004问世，一次可以处理四位二进制数据，4004芯片有2500个晶体管元件，而现在Pentium4的集成度已经达4亿1000万个，增长了数十万倍。

1971年末，世界上第一台微处理器为CPU的微型计算机在美国硅谷应运而生，它开创了微型计算机的新时代。此后各种各样的微处理器和微型计算机如雨后春笋般地研制出来，潮水般地涌向市场，这种势头直至今天仍然方兴未艾。特别是IBM-PC系列机诞生以后，几乎一统世界微型机市场，各种各样的兼容机也相继问世。

⊙扩充链接

电脑

20世纪90年代，计算机朝着智能化方向发展，与人脑相似的电脑应运而生，可以进行思维、学习、记忆、网络通信等过去人脑才能进行的工作。进入21世纪，计算机更是笔记本化、微型化和专业化，每秒运算速度超过百万次，不但操作简易、价格便宜，而且可以代替人们的部分脑力劳动，甚至在某些方面扩展了人的智能。于是，人们便把微型电子计算机形象地称作"电脑"。

20世纪时的电脑

因特网（互联网）

⊙拾遗钩沉

因特网（Internet）是国际计算机互联网的英文称谓。它是将两台或两台以上的计算机终端、客户端、服务端通过计算机信息技术的手段互相联系起来，可以让人们与远在千里之外的朋友相互发送邮件、共同完成一项工作、共同娱乐。因此，因特网可以说是一个网络的网络，它以TCP/IP网络协议将各种不同类

互联网

型、不同规模、位于不同地理位置的物理网络联接成一个整体。它把分布在世界各地、各部门的电子计算机存储在信息总库里的信息资源通过电信网络联接起来，从而进行通信和信息交换，实现资源共享。因特网在中国的部分称为中国公用计算机互联网，它是全球因特网的组成部分，中国公用计算机互联网在全国各城市都有接入点。

因特网的前身是阿帕网（ARPANET），这是隶属于美国国防部高级计划署——开始称为"阿帕"——的一个网络。"阿帕"（ARPA：高级研究计划署）起源于20世纪五六十年代的冷战，为了军事研究，聘请罗伯茨设计网络，1968年，资源共享的电脑网络研究计划被批准。此后，在这个计划指导下建立的网络就叫阿帕网，罗伯茨则被人们称为"阿帕网之父"

互联网之父瑟夫和卡恩

阿帕网的本意是为美国军队服务

35

的，在运行过程中，人们越来越清楚地看到，它的真正功能还是为计算机科学家服务。美国国防部于1990年正式取消阿帕网，终于使其回到本来应有的互联网的位置上，真正成为因特网的基础。

1974年，卡恩和瑟夫提出一组网络通讯协议的建议，就是著名的TCP／IP协议。这项协议使阿帕网能够与其他网络相通，并形成今天的因特网。1983年1月1日，TCP／IP成为网络标准，因此这一天也可能成为因特网的生日。

自1993年起，因特网面向民商业用户并向普通公众开放，用户数量开始滚雪球式地增长，各种网上服务不断增加，接入因特网的国家也越来越多。全球因特网用户每年增长率都超过15％，它给人类社会带来的变化是有目共睹的。

⊙**扩充链接**

中国互联网普及率达44%

中国互联网络信息中心（CNNIC）发布《第32次中国互联网络发展状况统计报告》，报告指出，截至2013年6月底，我国网民规模达5.91亿，互联网普及率44.1%，与2012年底相比提升了2.0个百分点。

云计算

⊙拾遗钩沉

  所谓云计算，是一个新兴的商业计算模型。它利用高速互联网的传输能力，将把数据的处理过程从个人计算机或服务器转移到互联网上的计算机集群中。"云"，既是对那些网状分布的计算机的比喻，也指代数据的计算过程被隐匿起来，由服务器按你的需要，从"大云"即互联网上的计算机集群中"雕刻"出你所需要的那

云计算与互联网的关系图

一朵，实在是非常浪漫的比喻。云计算被视为"革命性的计算模型"，由于互联网自由流通，使得购买租赁超级计算能力成为可能，作为企业或者个人用户无需再投入昂贵的硬件购置成本，只需要通过互联网来购买租赁计算力就可以了，"把你的计算机当作接入口，一切都交给互联网吧"。

  尽情地想象一下，当计算机的计算能力不受本地硬件的限制，尺寸小，重量轻，而强劲处理的移动终端却能触手可得，那将会产生一种怎样的惊奇？更不要说，在纸样轻薄的笔记本上照样运行最苛刻要求的网络游戏，在手机上通过访问Photoshop在线来编辑处理刚照出的照片了。

  更为诱人的是，企业可以以极低的成本投入获得极高的计算能力，不用再投资购买昂贵的硬件设备，负担频繁的保养与升级。如美国某房地产网站希望建立一个数据库，计算几十万个家庭在十年间买入卖房产的的数据，以便为消费者提供更好的建议。如果他们自己动手，初步预计需要花费六个月的时间和数以百万计的美元。他们租赁了云计算服务，仅用了三个星期就完成了这一项目，费用不到五万美元。

  可见云计算提供给企业更多的灵活性，企业可以根据自己的业务情况来决定是否需要增加服务，企业也可以从小做起，用最少的投资来满足你的现实

需求，如果你只需使用5%的资源，就只需要付出5%的价格，而不必像以前那样，为100%的设备买单；而当企业的业务增长到需要增加服务的时候，可以根据自己的情况对服务进行选择性增加，使企业的业务利用性最大化。也就是说，云计算的妙处之一，即是按需分配的计算方式能够充分发挥大型计算机群的性能。

当然，尽管使用云计算服务的好处如此诱人，如何保证这些数据的安全性？如何能相信服务商不会将数据出卖给商业竞争对手呢？对云计算过程里的数据安全问题，还有待进一步加以处理。

⊙扩充链接

移动云计算

所谓移动云计算，是指一种IT资源或（信息）服务的交付与使用模式，它随着移动互联网的蓬勃发展，通过移动网络以按需、易扩展的方式获得所需的基础设施、平台、软件（或应用）等。移动云计算是云计算技术在移动互联网中的应用。

云计算应用网络

二、古代计算学领跑世界

最早应用十进制

⊙拾遗钩沉

现在人们日常生活中所用的十进位值制，是中国的一大发明。至迟商代时，中国已采用了十进位制。《卜辞》中记载，商代的人们已经学会用一、二、三、四、五、六、七、八、九、十、百、千、万等13个数字来记10万以内的任何数字，不过现在能够证实的当时最大的数字是3万。甲骨卜辞中还出现奇数、偶数和倍数之类的概念。

甲骨卜辞

我们中国有个成语叫"屈指可数"，说明古人数数字确实与手指分不开的，一般人的手指恰好10个，因此十进制的使用似乎应该是顺理成章的事，但实际上并不尽然。文明古国巴比伦使用的是六十进位制（这一进位制到现在仍没有绝迹，如1分=60秒）另外还有采用二十进位制的。古代埃及很早就用十进位制，但他们却未必知道位值制。所谓位值制就是一个数码表示什么数，要看其所在的位置而定。位值制是千百年来人类智慧的结晶，0是位值制记数法的精要所在，但它的出现却并非易事。我国是最早使用十进制记数法，且对进位制有所认识的国家。

印度教教徒在1500年前发明的十进制计数，阿拉伯人传承至11世纪。

十进制基于位进制和十进位两条原则，所有的数字都用10个基本的符号中的某一个来表示，满10进一，同一个符号在不同位置上所表示的数值不同，符号的位置非常重要。基本符号是0~9这10个数字。要表示这10个数的10倍，就需要将这些数字左移一位，用0补上空位，即10，20，30，……90；要表示这10个数的10倍，就需要继续左移数字的位置，即100，200，300，……。要表示一个数的 $\frac{1}{10}$，则需要右移这个数的位置，必要时用0补上空位：$\frac{1}{10}$ 为0.1，$\frac{1}{100}$ 为

0.01，$\dfrac{1}{1000}$为0.001……

十进制是中国人民的一项杰出创造，在世界数学史上有着非同寻常的重要意义。著名的英国科学史学家李约瑟教授曾对此予以很高的评价，"如果没有这种十进制，就几乎不可能出现我们现在这个统一化的世界了"，而商代的数字系统比同一时代的古巴比伦和古埃及更显得先进一些，科学一些。

英国科学史学家——李约瑟

⊙扩充链接

十进制小数转换为二进制小数

十进制小数如何转换成二进制小数呢？可采用"乘2取整，顺序排列"法。具体做法是：用2乘十进制小数，得到一个积，将这一积的整数部分取出，再用2乘余下的小数部分，又得到一个积，再将这一积的整数部分取出，如此计算，直到积中的小数部分为零，或达到所要求的精度为止。然后把取出的整数部分按顺序排列起来，先取的整数作为二进制小数的高位有效位，后取的整数则作为其低位有效位。

最早提出负数的概念

⊙拾遗钩沉

我国三国时期的学者刘徽在负数的概念建立上作出重大贡献，他首先给正负数下定义，说："今两算得失相反，要令正负以名之。"意思是说，在计算过程中遇到具有相反意义的量，要用正数和负数加以区分。

刘徽第一次提出正确区分正负数的方法。他说："正算赤，负算黑；否则以斜正为异"，意思是说，用红色的小棍摆出的数可以表示正数，用黑色的小棍摆出的数可以表示负数；也可以用斜摆的小棍来表示负数，用正摆的小棍来表示正数。宋末李冶还创造性地在算筹上加斜划来表示负数。

在《九章算术》、《方程》书中，中国古代数学家不仅提出了负数的概念，还提出正负数加减法的运算法则。在某些数学题中，以卖出的数目为正（因为是收入），买入的数目为负（因为是付款）；余钱为正，不足钱为负。在粮谷计算题中，则以加进的为正，减掉的则为负。正负数加减法的法则是这样说的，"正负数曰：同名相除，异名相益，正无入负之，负无入正之；其异名相除，同名相益，正无入正之，负无入负之。"这里的"名"实质上是"符号"，"除"实质上是"减"，"相益"、"相除"实质上是两数的绝对值"相加"、"相减"，"无"实质上是"零"。翻译成现在的话就是：正负数的加减法则是：同符号的两数相减，等于其绝对值相减，不同符号的两数相减，等于其绝对值相加。零减正数得到负数，零减负数得到正数。不同符号的两数相加，等于其绝对值相减，同符号的两数相加，等于其绝对值相加。零加正数等于正数，零加负数则等于负数。"这段关于正负数的运算法则的叙述与现在的法则完全吻合。从此，"正"、"负"两个数学术语一直沿用到现在。

《方程》一书称正负数加法法则为"正负术"。1299年，朱世杰在《算学启蒙》"明正负术"一项中，归纳出正负数加减法八条法则，比《九章算术》更为明确。正负数的乘除法则发现得比较晚，朱世杰在《算学启蒙》"明乘除段"中归纳出"同名相乘为正，异名相乘为负"，就是中国最早提出的正负数乘法法则，用方程式表示就是：$(\pm a) \times (\pm b) = +ab$，$(-a) \times (+b) = -ab$。

东汉末年刘烘（206年）、宋代杨辉（1261年）也提到正负数加减法则，与《九章算术》表述基本相同。国外对负数的认识，与中国相比要晚得多。628年，印度数学家婆罗摩笈多才明白负数的概念，认识负数可以成为二次方程的根。而在欧洲，14世纪最有成就的法国数学家丘凯还认为负数是荒谬的数。直到17世纪，荷兰人日拉尔（1629年）才认识负数，并且使用负数来解决几何问题。

负数的提出是中国数学家对世界的杰出贡献之一。

⊙ 扩充链接

负数在印度

印度数学家婆罗摩笈多（约598—665年）在世界数学史上有较高的地位，628年他提出的负数概念仅晚于中国而早于其他各国，并且用小点或小圈记在数字上面来表示负数，还提出负数的运算法则，如"两个正数之和为正数，两个负数之和为负数，一个正数和一个负数之和等于它们的差"；"一个正数与一个负数的乘积为负数，两个负数的乘积为正数，两个正数的乘积为正数"，他提出的负数乘除法法则，在世界上遥遥领先。

印度数学家——婆罗摩笈多

最早论述分数运算

⊙ 拾遗钩沉

分数最初并不是从除法中产生，而是被看作一个整体的某些部分，"分"在汉语中就包含"分开"、"分割"之意。后来运算过程中出现了分数，才用来表示两整数之比。古代《周髀算经》中有不少复杂的分数四则运算，《算数书》、《九章算术》中在世界上首先提出了分数四则运算法则，而《九章算术》最为系统、完整，比欧洲早1400年左右。

从后来刘徽所著的《九章算术注》可以分析出《九章算术》已经讲到约分、合分（分数加法）、减分（分数减法）、乘分（分数乘法）、除分（分数除法）的相关法则，与我们现在的分数运算法则相同。分数的约简叫"约分术"，其法则是分子、分母从大数减用去小数，辗转相减，两者相等时叫"等数"，就是最大公约数；"以等数约之"，就能够求得最简分数。分数的加法叫"合分术"，减法叫"减分术"。其法则是：分子互乘分母，相加（减）作为实（被除数），分母相乘作为法（除数），实除以法。分数乘法叫"乘分术"。其法则是：分母相乘为分母，分子相乘为分子。与今无异。分数除法叫"经分术"。《算数书》采取颠倒相乘法，《九章算术》先将两个分数通分，使分子相除，刘徽又使用了颠倒相乘法。另外，还记载了课分（比较分数大小）、平分（求分数的平均值）等关于分数的知识。这些都是世界上最早的分数运算法则，这些法则对正负数也都适用。分数运算大约15世纪才在欧洲流行，欧洲人普遍认为，分数运算法起源于印度。其实印度在7世纪婆罗摩笈多的著作中才开始有分数运算法则，这些法则与《九章算术》中介绍的法则基本相同。而刘徽的《九章算术注》成书于魏景元四年（263年），所以，即使与刘徽的时代相比，我们也要比印度早

刘徽的著作《九章算术注》

400年左右。

⊙扩充链接

一两银子值多少钱？

推算古币值，现在一般采用等价交换的方式计算。明朝万历年间一两银子可购买质量一般的大米两石，当时一石约为94.4千克，一两银子可买188.8千克大米，2013年我国市场上大米单价是2元至3元，以中间价2.50元计算，可以算出明朝一两银子等于人民币944元。这一两银子要是在唐朝价值高得吓人。唐贞观年间物产比较丰富，一斗米只卖5文钱，一两银子通常可以折1000文铜钱，能买200斗米，10斗为一石，就是20石，唐代的一石约为59千克，以今天一般米价2.50元500克计算，一两银子的购买力相当于人民币5900元。

最早提出联立一次方程解法

⊙拾遗钩沉

方程式是数学中比较简单的概念。如果方程中含有一个或者多个未知数时，就有一个或者多个方程式。而有几个未知数就必须有几个方程式，这样方程式中的各个未知数才能获得确定的数值解。把这些方程式联合起来组成一组，就叫联立方程式。它可表示多种事物之间的复杂关系，在教育科研中应用非常广泛。

《九章算术》一书在世界上最早提出联立方程式，第八章"方程"中专门列出了联立方程式。这些联立方程式中，排列方式形如方阵，常数项列于最下，未知数不用符号表示，用算筹自上而下表示各项系数；二元者，列两行；三元者，列三行。"方程"章介绍了联立一次方程式的消元解法。如该章第一题："今有上禾三秉（捆），中禾二秉，下禾一秉，实（谷米）三十九斗；上禾二秉，中禾三秉，下禾一秉，实三十四斗，上禾一秉，中禾二秉，下禾三秉，实二十六斗。问上、中、下禾实一秉各几何？"用三元一次联立方程式表达如下：

$$3x+2y+z=39$$
$$2x+3y+z=34$$
$$x+2y+3z=26$$

每一个方程式中都包含3个未知数，利用消元法依次削减方程中未知数，使之减为两个、一个，就可以求得结果。这和现代代数中通用的方法是相同的。

13世纪，我国数学家又发明了天元术，用"天"、"地"两字表示不同的未知数，可用来解答二元高次联立方程式。元朝朱世杰所著《四元玉鉴》中的

朱世杰《算学启蒙》中的天元术

四元术，是用"天、地、人、物"四元表示四元高次方程组。四元术用四元消法解题，条理非常分明。

5世纪后，印度数学家才开始解答一次联立方程式；西方16世纪后才出版讨论一次联立方程式的数学书。至于解高次联立方程式，则更是16世纪以后的事情了。

⊙扩充链接

"方程"的取名

当时用算筹构成一个方形来解方程组，"方"的含义是"列筹成方"，"程"的含义是"课程"，所以把这种"方"形的"课程"叫作"方程"。清朝初期根据拉丁语的原意译成"相等式"，1859年学者李善兰才改译为"方程"这一比较通俗的说法。

最早论述最小公倍数

⊙拾遗钩沉

在世界上，中国最早提出最小公倍数的概念。由于分数加、减运算上的需要，《九章算术》提出了求分母的最小公倍数的问题。在西方，13世纪时意大利数学家斐波那契才第一个论述了最小公倍数的概念，与中国相比，至少要迟1200多年。

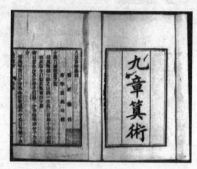

九章算术

《九章算术》中有求最大公约数和约分的法则。求最大公约数的法则称为"更相减损"法，其具体步骤为"可半者半之，不可半者，副置分母子之数，以少减多，更相减损，求其等也。以等数约之。"这里所说的"等数"就是最大公约数。"可半者"是指分子分母都是偶数，可以折半的先把它们折半，即可先约去2。"不可半者"是指分子分母不都是偶数了，则另外摆（即副置）分子分母算筹进行计算，从大数中减去小数，辗转相减，减到余数和减数相等，即得"等数"。

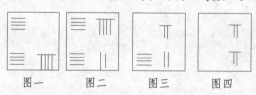

图一　　　图二　　　图三　　　图四

如题"又有九十一分之四十九，问约之得几何"。将"更相减损"这一运算写成现代的图式就是 $\frac{49}{91}$ 约分，先用筹算求得分母、分子的最大公约数7，其过程如下

$\frac{49}{91}$ 的筹式如图1；从91中减去49，余42，如图2；从49中减去42，余7，如图3；从42中连续减去7，第5次余7，如图4。这时被减数和减数相等，得"等数"7，就是所求的最大公约数。以7除分母和分子，得最简分数 $\frac{7}{13}$。这种求最大公约数的方法实质上就是现代数学中的"辗转相除法"。

《九章算术》称分数加法为"合分"，减法为"减分"。"合分"和"减分"都需通分。方田章的分数加、减法规定了用分母的乘积作公分母，例如其中第7题的计算方法为：

$$\frac{1}{3} + \frac{2}{5} = \frac{5}{15} + \frac{6}{15} = \frac{11}{15}$$

第9题的计算方法为：

$$\frac{1}{2} + \frac{2}{3} + \frac{3}{4} + \frac{4}{5} = \frac{60}{120} + \frac{80}{120} + \frac{90}{120} + \frac{96}{120} = \frac{326}{120} = 2\frac{86}{120} = 2\frac{43}{60}$$

少广章第6题为分数的运算，其公分母420正是1，2，3，4，5，6，7的最小公倍数。

$$1 + \frac{1}{2} + \frac{1}{3} + \frac{1}{4} + \frac{1}{5} + \frac{1}{6} + \frac{1}{7}$$

$$= \frac{420}{420} + \frac{210}{420} + \frac{140}{420} + \frac{105}{420} + \frac{84}{420} + \frac{70}{420} + \frac{60}{420}$$

$$= \frac{1089}{420}$$

⊙扩充链接

整分元宝

先父留下遗嘱，共有遗产17个元宝，老大得元宝的二分之一、老二得元宝的三分之一、老三得元宝的九分之一，问他们分别应得几个元宝？

2、3、9这三个数的最小公倍数是18，即 $\frac{9}{18} + \frac{6}{18} + \frac{2}{18} = \frac{17}{18}$，也就是说他们老爷子给的这个比例和根本就不等于1，也就是说，直接分，那是无法整分17个元宝的。因 $1 - \frac{17}{18} = \frac{1}{18}$，只有添上1个共18个，再用18这个最小公倍数分，则老大得9个，老二得6个，老三得2个，最后还剩一个。

最早研究不定方程

⊙拾遗钩沉

中国研究不定方程问题是最早的，《九章算术》这部名著中提出解6个未知数、5个方程的不定方程的方法，要比西方提出解不定方程的丢番图早300多年。

《九章算术》方程章第13题"五家共井"问题非常有名，"五家共井，甲二绠（汲水用的井绳）不足，如（接上）乙一绠；乙三绠不足，如丙一绠；丙四绠不足，如丁一绠；丁五绠不足，如戊一绠；戊六绠不足，如甲一绠，皆及。"

翻译成现代文就是：五户人家合用一口井，若用甲家的绳2条够不着，用乙家的绳1条接起来，从井口放下去，正好抵达水面；或用乙家的绳3条、丙家的绳1条；或用丙家的绳4条、丁家的绳1条；或用丁家的绳5条、戊家的绳1条；或用戊家的绳6条、甲家的绳1条接起来，也都一样正好抵达水面，问井的深度及各家的绳长是多少？

由于原题包含有两个以上的未知量，没有给出答案的范围和其他特定条件，因此列出方程后有无穷多组解，这样的方程就称为"不定方程"。不定方程也称"丢番图方程"，它是数论的重要分支学科，也是历史上最活跃的数学领域之一。

数学家秦九韶雕像

如果该题的长度单位是寸（1尺=10寸，1米=3尺），那么：甲×2+乙=井深，乙×3+丙=井深，丙×4+丁=井深，丁×5+戊=井深，戊×6+甲=井深，它的最小正整数解为：井深721寸，甲家绳长265寸，乙家绳长191寸，丙家绳长148寸，丁家绳长129寸，戊家绳长76寸。

西方最早研究不定方程的人是受到希腊文明影响的丢番图，约公元4世纪。因此可以说，"五家共井"问题是世界上最早的一道不定方程题。

13世纪，我国宋朝数学家秦九韶在《数书九章》中提出了"大衍求一术"，其实就是解一次不定方程的通法，18世纪欧洲瑞士数学家欧拉才获得一次不定方程的一般解法。

秦九韶的"大衍求一术"，不但有其历史上的崇高地位，而且方法也比欧拉简洁、具体，易于作数值计算，直到现在，与数论里的"一次同余式"相比仍有其优越性，所以一直被欧美学者推崇为"中国剩余定理"。

⊙扩充链接

数学趣闻

汉武帝在宫中用镜子一照，看到自己满头白发，形容槁枯，感到自己逐渐衰老，便闷闷不乐起来，对身边的侍从说："看来我也难免一死。我把国家治理成这么个样子，上对得起祖宗，下对得起百姓。不过有一事不放心，不知死后'阴间'好不好？"东方朔回道："'阴间'好得很，皇上尽管放心去吧！"汉武帝大惊；"你怎么知道？"东方朔从容不迫地说："'阴间'不好，死者一定都要逃回来，可没有发现他们一个人逃回来，所以那边肯定好极了，说不定还是个极乐世界哩！"汉武帝听后哈哈大笑，满面愁容顿时很快消去。东方朔的奇谈怪论实际上是一种数学逻辑，令人想到数学界中极有名气的那个理发师悖论了。

汉代东方朔

最早运用极限概念

⊙拾遗钩沉

极限概念是当代数学必不可少的理论基础。大约在3世纪，数学家刘徽在《九章算术注》中讲解计算圆周率的"割圆术"和开方不尽根问题，以及讲解求楔形体积时，运用到极限概念。其实极限概念中国在先秦时就已相当精确了，诸子的极限表述方式甚至超越了日常经验。刘徽、祖冲之等大数学家正是以此解决了许多数学上的难题。

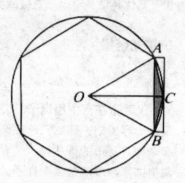

刘徽割圆术示意图

庄子在《天下篇》中提出了一个著名的命题："一尺之锤，日取其半，万世不竭。"意思是指一尺的东西今天取其一半，明天取其一半的一半，后天再取其一半的一半的一半，因为总有一半留下，所以永远也取不尽。

《庄子·天下篇》中还有关于极限思想的论述："至大无外谓之大一；至小无内谓之小一。"我们把其中的"外"理解为外界，"内"理解为内部，那么，"至大无外"可译作：至大是没有边界的，即"无穷大"；"至小无内"可译为：至小是没有内部的，即"无穷小"。说明此论述中的概念"大一"和"小一"，相当于现代数学的"无穷大"和"无穷小"两个概念。

《墨经》《经说上》中说："时或有久，或无久，始当无久。"这里的"有久"、"无久"是指不等速运动，高速是"无久"，而低速是"有久"。"无久"的单位越小，它就越接近于瞬时速度，在刹那间而收敛于一个极限。《经下》中墨家把极限思想表述为："非半，弗斫则不动，说在端"。其意思是说：物体分到不能再分成两半的时候，就不能再被分割而不动了，因为它已成为不能再分的质点。这就是著名的非半命题，这个命题可视为"无限小"概念的表述。

黄金分割与"兔子问题"

斐波那契是13世纪意大利著名数学家。1202年，他出版著作《算盘书》，向欧洲人介绍了东方数学。此书1228年修订本中引入了一个"兔子问题"。该题要求计算由一对兔子开始，一年后能繁殖多少对兔子。题中假定，一对兔子每月生一对小兔，而小兔出生的第二月就能生新兔，这样开始时是一对，一月后为2对，两月后3对，三个月后5对，……每个月的兔子对数排成一个数列：1，2，3，5，8，13，21，34，55，89，144，233，377，…叫"斐波那契数列"，其构造是从第3项起，每一项是前两项之和，即：$f_n=f_{n-1}+f_{n-2}$（$n\geq3$），f_n表示第n项。如果用G表示黄金分割数，当n趋于无穷大时，后项与其前一项的比值越来越接近G，事实上，以G为极限。

意大利数学家——斐波那契

这一有趣的性质非常奇特，它使黄金分割更具神秘感和迷人的魅力。

最早得出有六位准确数字的 π 值

⊙拾遗钩沉

祖冲之是古代杰出的数学家，他在公元5世纪就推算出 π 的值为3.1415926< π <3.1415927，这是中国最早得到的具有六位数的 π 近似值。祖冲之同时得出圆周率"密率"为355/113，这是分子、分母在1 000以内的表示圆周率的最佳近似分数。德国人奥托在1573年也获得这个近似分数值，可是比祖冲之已迟了1100多年。

祖冲之雕塑

圆周率是对圆形和球体进行数学分析时不可缺少的一个常数，各国古代科学家都把它作为一个重要课题。我国最早采用的圆周率数值为三，即所谓"径一周三"。很显然，这个数值不能满足精确计算的要求。圆周率计算上的突破有赖于有效方法，三国时数学家刘徽经过深入研究，发现圆内接正多边形边数无限增加时，多边形周长可无限逼近圆周长，从而创立了"割圆术"，计算圆内接正3072边的面积，从而推出3.141024< π <3.142704。到了南北期，我国伟大的数学家祖冲之（429~500年）继续使用刘徽的割圆法，一直推算到圆内接正4576边形。

根据唐朝大臣魏徵等所著《隋书·律历志》记载："宋末，南徐州从事祖冲之更开密法。以圆径一亿为丈，圆周盈数三丈一尺四寸一分五厘九毫二秒七忽，朒数三丈一尺四寸一分五厘九毫二秒六忽，正数在盈朒二限之间。密率：圆径一百一十三，圆周三百五十五。约率，圆径七，周二十二。"这里，"盈数"和"朒数"分别表示"过剩近似值"与"不足近似值"的意思，祖冲之计算出3.14159261< π <3.14159271。

祖冲之曾写过一本数学著作《缀术》，记录了他对圆周率的研究和成果。但当时"学官莫能究其深奥，是故废而不理"，以致失传。这样，祖冲之用什么方法将 π 算到小数点后第七位，又是怎样找到既精确又方便的密率的呢？这至今仍是困扰数学家的一个谜。

在中国科协2008年3月13日出版的《科技导报》杂志的26卷5期上，"18个中国公众关注的科技问题"一文中，已将"祖冲之究竟是怎样计算出圆周率 π 值的？"列为公众关注的未解科学难题之一。

⊙扩充链接

π 值趣闻

美国一位科学家用28小时，在巨型电脑"克雷-2"上演算出了小数点后有2936万位的 π 值，创下了世界最新记录。想把这个惊人的位数全部记录下来，长度可达60千米，相当于50本500页的长篇小说。在这么长的数字中，出现了一些不可思议的情况，小数点后第710100位起，320465位起，都连续出现7个3；1000位中连续出现6个相同数字的达37次。如762位开始出现999 999，从995 998位起出现23456789；从2747956位起又出现876543210。

圆周率 π

最早创立增乘开方法和创造二项式定理的系数表

⊙拾遗钩沉

增乘开方法首先由11世纪的贾宪创立，中间经过12世纪刘益的推进，到13世纪秦九韶最终完成。

贾宪的增乘开方法，又称为递增开方法。它的主要步骤是在得出根的某位得数后求减根方程时，采用随乘随加的方式，达到与使用贾宪三角的系数相同或者相近的目的，而比后者的程序整齐一些，易掌握一点。这一方法的诞生标志着开方技术发展到一个新的高度。

曾乘开方法的创立人——贾宪

但是贾宪的方法所解决的限于二次方程的纯开方问题，而且方程未知数的"系数"和"结果"限于正数和1的整数，适用范围极小。如何寻找一种适用各种方程，包括系数为负数和非整数，尤其能够求解高次方程的普遍方法？刘益在贾宪增乘开方法的基础上，反复研究和探讨，先攻克了系数为负数的方程的解法，接着攻克了方程首项系数为1的限制，即也可以解系数是小数的方程。这样，刘益找到了能够适用于系数是正数、负数、整数、小数的所有方程，包括高次方程的求解方法。如果用现代文表述就是："用估根法，边乘边加，边变换原方程的系数，边接近结果，直到求解完成。"刘益的这种方法被称为正负开方术。后来又经南宋秦九韶的完善，方法更准确简练，秦九韶将其改名为大衍求一术，后人又给它起名叫秦九韶程序。

贾宪的增乘开方法、刘益的正负开方术、秦九韶的大衍求一术，西方人直到19世纪才找到。意大利数学家鲁非尼于1804年，英国数学家霍纳于1819年各自独立提出了这一方法，可惜他们已经晚了近700年。而且鲁非尼和霍纳的计算方法也没有贾宪、刘益和秦九韶的简便明确。

　　贾宪的增乘开方法、刘益的正负开方术、秦九韶的大衍求一术，这种解高次方程的求根方法，可以十分简便地推广到任意高次幂的开方中去，并可用来解任意高次方程。它是当今计算数学中求代数方程的解，以及现代电子计算机程序设计中仍然广泛使用的一种极其有效的方法。现今世界各国大中学的数学课程中几乎都阐释和运用这一解题原则。

　　贾宪的"开方作法本源"图，实际上给出了二项式定理的系数表，比法国数学家帕斯卡所采用的"帕斯卡三角形"要早500多年。

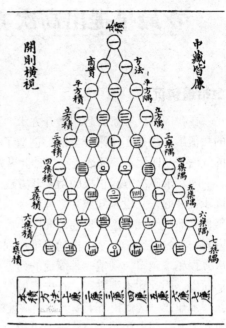

开方作法本源图

⊙扩充链接

洗碗（中国古题）

　　一名妇女在河边洗很多碗，过路人问她怎么洗这么多碗？她回答说：家中来了太多的客人，他们每2人合用一只饭碗，每3人合用一只汤碗，每4人合用一只菜碗，共用65只碗。你能从她家的用碗情况，推算出她家来了多少客人吗？

最早提出高次方程的数值解法

⊙拾遗钩沉

在我国古代，解方程叫做开方术。到了宋代，开方术发展成为求高次方程的数值解，创造了增乘开方法，创造了列方程的方法——天元术和高次方程组的解法——四元术，远远走在当时世界先进水平的前面。

随着求高次方程正根的增乘开方法不断完善，天元术这一列方程的方法也逐步发展起来。设未知数列方程，今天对具备初等数学知识的人来说是小菜一碟，然而在天元术产生以前却非同小可。唐初大数学家王孝通为了列某些三次方程，只好借助于文字，他的思维过程和叙述形式非常复杂。随着要解决的高次方程越来越多，创造一种简捷的列方程的方法迫在眉睫。天元术可以说是应运而生。用天元术列方程，首先需说明根据已知条件，"立天元为某某"，天元即未知数，这就相当于今天我们常说的"设某某为x"；然后根据条件，列出包含天元的两个相等多项式，两边相减，就得到了一个等于零的多项式，这就是高次方程；最后再用增乘开方法求该方程的正根。可见，天元术是一种简捷有效的方法，与我们今天列代数方程的方法是基本相同的。

天元术是宋元时期数学家作出的重要贡献，但当某个问题中包含多个未知数时，应当怎么办呢？杰出的元代数学家朱世杰集前人之大成，将天元术原理应用于联立方程组，于14世纪创立了四元术，或者说，把天元术发展为四元术，建立了四元高次方程组理论，他的《四元玉鉴》就是一本关于四元术的专著。

朱世杰提出，当未知数不止一个时，除设天元外，根据需要还可以设地元、人元、物元，这就相当于我们今天常用的字母符号x、y、z、u，然后列出包含四个未知数的四元联

《四元玉鉴》中的今古开方会要图

立高次方程组。朱世杰在《四元玉鉴》中给出了天、地、人、物四元及常数项的算筹放置方法，进而举例说明了如何用消去法逐渐消去多元方程组中的未知数，最终得到一个只含一个未知数的一元高次方程的方法。

朱世杰的《四元玉鉴》举例说明了一元方程、二元方程、三元方程、四元方程的布列方法和解法。其中有的例题相当复杂，数字惊人的庞大，不但过去从未有过，就是今天也很少见。可见朱世杰已经非常熟练掌握了多元高次方程组的解法。在欧洲，法国数学家贝佐于18世纪也系统叙述了高次方程组的消元法。

四元术是我国古代方程研究方面的最高成就，有人称它不仅是中国古代数学领域最光辉的篇章，也是中世纪世界数学史上最杰出的一页。

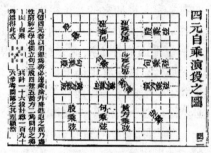

《四元玉鉴》中的四元自乘演段之图

在外国，多元方程组虽然也偶然出现过，如巴比伦人借助数表处理某种二元二次方程组，但较系统地研究却迟至16世纪。1559年，法国人彪特才开始用不同的字母A，B，C…来表示不同的未知数。过去不同未知数用同一符号来表示，以致含混不清。正式讨论多元高次方程组已到18世纪，由探究高次代数曲线的交点个数而引起。1764年法国人培祖提出消去法的解法，这已是在朱世杰之后四五百年的事情了。

⊙扩充链接

诸葛统兵（中国古题）

诸葛统领八员将，每将又分八个营。每营里面排八阵，每阵先锋有八人。
每人旗头俱八个，每个旗头八队成。每队更该八个甲，每甲该有八个兵。
请你仔细算一算，孔明共领多少兵。

最早发现"等积原理"

⊙拾遗钩沉

等积原理，也就是祖暅原理，它是由我国南北朝杰出的数学家、祖冲之的儿子祖暅首先提出来的。等积原理的内容是夹在两个平行平面间的两个几何体，被平行于这两个平行平面的平面所截，如果截得两个截面的面积总相等，那么这两个几何体的体积相等。我们可以用诗句"两个胖子一般高，平行地面刀刀切，刀刀切出等面积，两人必然同样胖"来形象表示其内涵。

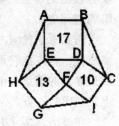

等积原理及应用

等积原理的起源于刘徽发现《九章算术》中"开立圆术"的答案是错误的。他提出解决的方法是"取立方棋八枚，皆令立方一寸，积之为立方二寸。规之为圆困，径二寸，高二寸。又复横规之，则其形有似牟合方盖矣。八棋皆似阳马，圆然也。按合盖者，方率也。丸其中，即圆率也。"也就是说，取每边为1寸的正方体棋子八枚，拼成一个边长为2寸的正方体，在正方体内画内切圆柱体，再在横向画一个同样的内切圆柱体。这样两个圆柱所包含的立体共同部分像两把上下对称的伞，刘徽取名为"牟合方盖"，古代称伞为"盖"，"牟"，与"侔"通，相同的意思，"牟合方盖"的意思就是翻过来合在一起的两个全等的方伞。

根据计算得出球体积是"牟合方盖"体的体积的$\frac{3}{4}$，可是圆柱体又比"牟合方盖"大，但是《九章算术》中得出球的体积是圆柱体体积的$\frac{3}{4}$，显然《九章算术》中的球体积计算公式是错误的。刘徽认为只要求出"牟合方盖"的体积，就可以求出球的体积，可怎么也找不出求出"牟合方盖"体积的途径。

祖暅沿用了刘徽的思想，利用刘徽"牟合方盖"的理论去进行体积计算，得出"幂势相同，则积不容异"的结论。"势"即是高，"幂"是面积。意思是说：如果两个高相等的立体在任意等高处的截面面积总是成对相等，则它们的体积就应该相等，由此得到小方盖差和倒立正四棱锥的体积相等的结论。

祖暅高明之处在于吸取了刘徽的教训，不再直接去钻"牟合方盖"体积的那个牛角尖，而改为研究方盖差的体积，从而获得了成功．也正是这条途径才引导他获得"祖暅原理"。刘徽虽未能最终解决问题，但其独特思路为祖暅的成功创设了条件。

在西方，球体的体积计算方法虽然早已被希腊数学家阿基米德发现，但"祖暅原理"是在独立研究的基础上获得的，且比阿基米德的内容要丰富，涉及的问题要复杂。根据这一原理就可以求出"牟合方盖"的体积，然后再推导出球的体积。

这一原理主要应用于计算一些复杂几何体的体积上面。直到1635年，意大利数学家卡瓦列里发现在《连续不可分几何》中提出了等积原理，西方人把它称之为"卡瓦列里原理"。其实，他的发现要比我国的祖暅晚1100多年。

⊙**扩充链接**

《张立建算经》里的问题

《张立建算经》也是中国古代的一本算书。书中有这样一道题：一只公鸡5元，一只母鸡3元，三只小鸡1元。现在用100元钱买100只鸡。问这100只鸡中，公鸡、母鸡、小鸡各有多少只？

最早发现二次方程求根公式

⊙拾遗钩沉

设 $ax^2+bx+c=0$，（$a\neq0$）

则 $x=\dfrac{-b\pm\sqrt{b^2-4ac}}{2a}$（$b^2-4ac\geqslant0$）

这就是二次方程求根公式。

古代数学家赵爽，在对《周髀算经》作注解时，写了一篇科学价值很高的文章《勾股圆方图》，此文讨论二次方程时，用到的求根公式与我们今天的求根公式很相似。赵爽这一发现，比印度数学家婆罗摩笈多提出的二次方程求根公式要早很多年。

赵爽，又名婴，字君卿，东汉末至三国时代吴国人，著名的数学家与天文学家。据载，赵爽研究过张衡的天文学著作《灵宪》和刘洪的《乾象历》，也提到过"算术"。他的主要贡献是约在222年深入研究了我国古老的天文学著作《周髀算经》，为该书写了序言，并作出详细注释。他所著的《周髀算经注》中有一篇《勾股圆方图注》全文五百余字，并附有五幅插图（已失传）。这篇数学史上极有价值的文献，简练地总结了东汉时期勾股算术的重要成果，最早提出并证明了有关勾股弦三边及其和、差关系的20多个命题，他的证明主要是依据几何图形面积的换算关系。

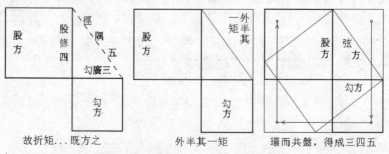

故折矩...既方之　　　　　外半其一矩　　　　　環而共盤，得成三四五

《周髀算经》证明勾股算术的步骤

其中将勾股定理表述为："勾股各自乘，并之，为弦实。开方除之，即弦。"证明方法叙述为："按弦图，又可以勾股相乘为朱实二，倍之为朱实四，以勾股之差自相乘为中黄实，加差实，亦成弦实。""又"、"亦"两字表示赵爽认为勾股定理应该可以用另一种方法来证明。赵爽还在《勾股圆方图注》中推导出二次方程和求根公式。

世界充满着未知，人类以智慧的钥匙开启了科学大厦中从未知通向已知的大门，无数中外先辈的闪光思想和超前智慧同样地凝结在二次方程的研究中。关于二次方程的求解，也许在今天看来并不难，但贵在开创。在别人没想到时想到，在别人没做到时做到，是需要深邃的洞察力和过人的智慧的。人类起码历经了2000多年的努力，才将二次方程的解法与理论基础彻底搞清楚。

⊙扩充链接

《九章算术》里的问题

一个人用车装米，从甲地运往乙地，装米的车每天行25千米，不装米的空车每天行35千米，5日一共往返三次，问两地相距多少千米？

最早引用"内插法"

⊙拾遗钩沉

二次内插法（又称二次插值法）的创立，是隋唐数学的又一项重大成就。它是根据两个自变量的已知函数值，来求这两个自变量之间各自变量对应函数值的一种近似计算方法。这种方法具有重大的实用价值。如在天文观测中，人们不可能每时每刻都进行观测，因此只能得到日月五星某些时刻在天球上的位置。利用这些观测记录推算日月五星在其他时刻的位置，就要用到内插法，这对于天文计算，特别是日月交食的推算是十分重要的。

实际上在《周髀》和《九章》中就已有了一次内插法公式。东汉末天文学家刘洪制订《乾象历》，采用了一次插值公式。此后，曹魏杨伟、姚秦姜岌、刘宋何承天、南齐祖冲之等各家历法计算月行度数时也都采用了这种算法。随着天文学的发展和观测精度的提高，天文学家发现了日月五星的视运动并非是时间的一次函数，一次内插法误差太大。隋开皇二十年（600年），天文学家刘焯在他所编制的《皇极历》中，在推算日月五星视运动度数时，首先创用了等间距二次内插法公式。这个公式实际上就是后来著名的牛顿内插法公式的前三项。这种方法比以前所用的一次内插法精确，利用这个公式计算所得到的历法精确度也有所提高。由于各个节气之间的时间长短实际上并不相等，即历法中的各个节气是不等间距的，日月五星的视运动也不是匀变速运动，因此用刘焯公式计算的结果仍然存在较大的误差。为了解决这一问题，进一步提高历法的精确度，唐代著名天文学家一行又在此基础上大胆创新，在《大衍历》中发展了前人岁差的概念，提出了计算食分的方法，创立了不等间距二次内插法公式。吸收印度传入的正弦函数，用于编制天文数表。二次内插法公式比刘焯发明的等间距二次内插法更具优越性。一行在数学上的成就，很多中国古代数学史著作都有介绍，且评价甚高。

一行（673—727年），俗名张遂，汉族，邢州巨鹿人（今河北巨鹿县），唐代杰出天文学家。唐玄宗时主持修订历法，根据测定事实，得出恒星是运动的结论，编写了《开元大衍历》、《七政长历》、《易论》等书。在世界上首次推算出子午线纬度一度之长。他也是佛教密宗的领袖，著有密宗权威著作《大日经疏》。经过几年的天文观测及准备工作后，于开元十三年（725年）开始编历。他用两年时间写成历法草稿，并定名为《大衍历》。

一行在完成《大衍历》的同年不幸去世，只有45岁。开元十七年（729年），《大衍历》颁布实行，一直沿用达800年。《大衍历》作为当时世界上较为先进的历法，相继传入日本、印度，极大地影响了这两个国家的历法。

唐代天文学家——一行

⊙扩充链接

一行求师

根据《周易》，费时七年，一行完成了《大衍历》这部五十二卷巨著的编写。在这一过程中，碰到一些计算难题，一行打听到浙江天台山国清寺的达真法师精通算法，于721年不远千里，前来求师。丰干桥左"一行到此水西流"的碑石题字，记述的就是这次访晤。《大衍历》颁定不久，由日本人吉备真备传入日本。763年，日本淳仁天皇诏令废除日本的《仪凤历》，改用中国的《大衍历》。

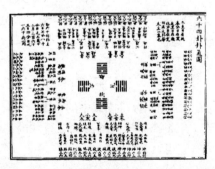

一行的《大衍历》中的一图

最早运用消元法解多元高次方程组

⊙拾遗钩沉

1303年，元代数学家朱世杰在《四元玉鉴》等著作中，把古代数学家李治总结的天元术推广成为四元术，创造了用消元法解二、三、高次方程组的方法，这是世界上最早运用消元法解高次方程组的例子。直到18世纪，法国数学家皮兹才对这一问题作出系统叙述，朱世杰比他早500多年。

朱世杰消元法其步骤可简述如下：

1. 二元二行式的消元法

例如"假令四草"中"三才运元"一问，得出如下图的两个二元二行式，这相当于求解

7	−6太
3	−7
−1	−3
	1

13	−14太
11	−13
5	−15
−2	−5

$$\begin{cases} (7+7z-z^2)x + (-6-7z-3z^2+z^3) = 0. \\ (13+11z+5z^2-2z^3)x + (-14-13z-15z^2-5z^3) = 0; \end{cases}$$

或将其写成更一般的形式

$$\begin{cases} A_1x + A_0 = 0, \\ B_1x + B_0 = 0, \end{cases}$$

其中A_0，B_1和A_1，B_0分别等于算筹图式中的"内二行"和"外二行"，都是只含z而不含x的多项式。朱世杰解决这些二元二行式的消元法运用"内二行相乘、外二行相乘，相消"，也就是

$F(z) = A_0B_1 - A_1B_0 = 0.$

此时$F(z)$只含z，不含其他未知数。解之，即可得出z之值，代入上式任何一式中，再解一次只含x的方程即可求出x了。

2. 二元多行式的消元法

不论行数多少，例如3行则可归结为

$$\begin{cases} A_2x^2 + A_1x + A_0 = 0, & (1) \\ B_2x^2 + B_1x + B^0 = 0. & (2) \end{cases}$$

以A_2乘（2）式中B_2x^2以外各项，再以B_2乘（1）式中A_2x^2以外各项，相消得

$$C_1x + C_0 = 0. \quad （3）$$

以x乘（3）式各项再与（1）或（2）联立，消去x^2项，可得

$$D_1x + D_0 = 0. \quad （4）$$

（3）、（4）两式已是二元二行式，依前所述即可求解.

3. 三元式和四元式消元法

如在三元方程组中（如下列两式）欲消去y：

$$\begin{cases} A_2y^2 + A_1y + A_0 = 0, & (5) \\ B_2y^2 + B_1y + B_0 = 0, & (6) \end{cases}$$

式中诸A_i，B_i均只含x，z不含y.（5）、（6）式稍作变化即有

$$\begin{cases} (A_2y + A_1)y + A_0 = 0, & (7) \\ (B_2y + B_1)y + B_0 = 0. & (8) \end{cases}$$

以A_0，B_0与上两式括号中多项式交互相乘，相消得

$$C_1y + C_0 = 0. \quad （9）$$

（9）式再与（7）、（8）式中任何一式联立，相消之后可得

$$D_1y + D_0 = 0. \quad （10）$$

（9），（10）联立再消去y，最后得

$$E = 0, \quad （11）$$

E中即只含x，z. 再另取一组三元式，依法相消得

$$F = 0. \quad （12）$$

（11）、（12）只含两个未知数，可依前法联立，再消去一个未知数，即可得出一个只含一个未知数的方程，消元法步骤即告完成。

以上是利用现代数学符号化简之后作介绍的，实际上原来整个运算步骤都是用算筹列成筹式进行的，虽然繁复，但条理明晰，步骤井然. 它不但是中国古代筹算代数学的最高成就，而且在13~14世纪也是世界最高成就。

朱世杰的几何成就

在几何方面，朱世杰也有重要的贡献。自《九章算术》以来，中国就有了平面几何与立体几何，但一直到北宋，几何研究离不开勾股和面积、体积，李冶开始注意到圆内各几何元素的关系，得到一些定理，不过没有能推广到更一般的情形。朱世杰在此基础上，深入研究了勾股形内及圆内各几何元素的数量关系，发现了平面几何中的射影定理和特殊情形的弦幂定理。

最早研究解同余式组的问题

⊙拾遗钩沉

"物不知数"题的术文指出其解题的方法：三三数之，取数七十，与余数二相乘；五五数之，取数二十一，与余数三相乘；七七数之，取数十五，与余数二相乘。将诸乘积相加，然后减去一百零五的倍数。列成算式就是：

$$N=70 \times 2+21 \times 3+15 \times 2-2 \times 105。$$

这里105是模数3、5、7的最小公倍数，容易看出，《孙子算经》提出的是符合条件的最小正整数。对于一般余数的情形，《孙子算经》术文指出，只要把上述算法中的余数2、3、2分别换成新的余数就行了。以$R1$、$R2$、$R3$表示这些余数，那么《孙子算经》相当于给出公式

$$N=70 \times R1+21 \times R2+15 \times R3-P \times 105（P是整数）。$$

孙子算法的关键，在于70、21和15这三个数的确定，《孙子算经》没有说明这三个数的来历。实际上，它们具有如下特性：

也就是说，这三个数可以从最小公倍数$M=3 \times 5 \times 7=105$中各约去模数3、5、7后，再分别乘以整数2、1、1而得到。假令$k_1=2$，$K_2=1$，$K_3=1$，那么整数Ki（$i=1$，2，3）的选取使所得到的三数70、21、15被相应模数相除的时候余数都是1。

南宋数学家秦九韶在《数书九章》中提出了"大衍求一术"，系统地介绍了求解一次同余式组的算法，与现代数学中所用的方法颇为类似，这是中国数学史上的一项突出的成就。实际上秦九韶推广的古代数学巨著《孙子算经》中的"物不知数"题，取得的解法被称为"中国剩余定理"，就是这一方面的重要成就。这项研究成果比19世纪欧洲数学家欧拉和

德国著名数学家——高斯

高斯的系统研究早500多年。

　　从《孙子算经》"物不知数"题到秦九韶的"大衍求一术"，我国古代数学家对一次同余式的研究，在中国数学史上和世界数学史上都占有重要的地位。欧洲最早接触一次同余式的，是和秦九韶同时代的意大利数学家裴波那契，他在《算法之书》中提出了两个一次同余问题，但是没有一般的算法。这两个问题从形式到数据都和孙子"物不知数"题相仿，水平没有超过《孙子算经》。直到18世纪，大数学家欧拉、高斯对一般一次同余式进行了深入研究，才获得和秦九韶"大衍求一术"相同的定理，并且对模数两两互素的情形给出了严格证明。欧拉和高斯事先并不知道中国人的工作。1852年，英国传教士伟烈亚力发表《中国科学摘记》，介绍了《孙子算经》"物不知数"题和秦九韶的解法，引起了欧洲学者的重视。1876年，德国马蒂生首先指出其解法和高斯方法一致，接着德国著名数学史家康托高度评价"大衍术"，称赞发现这一方法的中国数学家是"最幸运的天才"。直到今天，"大衍求一术"仍然引起西方数学史家浓厚的研究兴趣。因此可以说，秦九韶是世界上最伟大的数学家之一。

⊙扩充链接

秦九韶算法

　　秦九韶算法是一种将一元n次多项式的求值问题转化为n个一次式的算法。它大大简化了计算过程，即使在现代利用计算机解决多项式的求值问题时，秦九韶算法依然是最优的算法。这种算法在西方被称作霍纳算法，是以英国数学家霍纳命名的。

最早研究高阶等差数列并创造"逐差法"

⊙拾遗钩沉

对于一般等差数列和等比数列，我国古代很早就产生出初步的研究成果。

北宋时期，大科学家沈括在《梦溪笔谈》中首创隙积术，开始研究某种物品（如酒瓶、圆球、棋子等）按一定规律堆积起来求其总数的问题，即高阶等差级数求和问题，并推算出长方台垛公式。在《详解九章算法》和《算法通变本末》中，南宋数学家杨辉丰富和发展了沈括的隙积术成果，提出了一些新的垛积公式。沈括、杨辉等所讨论的级数与一般等差级数不同，前后两项之差并不相等，但是逐项差数之差或者高次差相等。对这类高阶等差级数的研究，一般称为垛积术。到了元朝，著名的天文学家和数学家郭守敬在他主编的《授时历》中，就用高阶等差数列方面的知识，来解决天文计算中的高次招差问题。

接着，朱世杰在《四元玉鉴》一书中，把中国宋、元代数学家在高阶等差级数求和的工作向前推进了一步，得出了一系列重要的求和公式。在垛积术的研究中，通过对于一系列新的垛形的级数求和问题的研究，朱世杰从中归纳出三角垛公式，实际上得到这一类任意高阶等差级数求和问题的系统且普遍的解法。朱世杰还把三角垛公式引用到招差术（即"逐差法"）中，指出招差公式中的系数恰好依次是各三角垛的积，这样在世界数学史上第一次得出了包括有四次差的招差公式，他还把这一公式推广为包含任意高次差的招差公式。在欧洲，首先对招差术加以说明的是格列高里，而牛顿在1676—1684年的著作中才出现了招差术的普遍公式，朱世杰比他们早了400年。

正因为如此，朱世杰和他的著作《四元玉鉴》享有巨大的国际声誉。日本、法国、美国、比利时以及亚欧美许多国家都有人向本

美国著名科学史学家——萨顿

国推介《四元玉鉴》。美国著名科学史家萨顿这样评说："（朱世杰）是中华民族的、他所生活的时代的、同时也是贯穿古今的一位最杰出的数学科学家。""《四元玉鉴》是中国数学著作中最重要的，同时也是中世纪最杰出的数学著作之一。它是世界数学宝库中不可多得的瑰宝。"

⊙扩充链接

和尚吃馒头（中国古题）

大和尚一人吃4只馒头，小和尚4人吃1只馒头。大小和尚100人，共吃了100只馒头。大小和尚各有多少人？各吃多少只馒头？

三、中国古今著名的
计算学家

中国传统数学理论的奠基者刘徽

⊙拾遗钩沉

刘徽是3世纪世界上最杰出的数学家之一，公元263年撰写的著作《九章算术注》十卷以及后来的《海岛算经》，是我国最宝贵的数学遗产，从而奠定了他在中国数学史上的不朽地位。刘徽的数学著作，流传后世的很少，所留都是一些久经辗转传抄之作。

成书于东汉之初的《九章算术》共有246个问题的解法。在解联立方程，分数四则运算，正负数运算，几何图形的体积面积计算方面等，都能够跻身世界先进之列。但解法比较原始，缺乏必要的证明，为此刘徽作了补充证明。通过这些证明，显示出他在众多方面创造性的才能。他最早提出十进小数概念，并用十进小数来表

三国时期学者——刘徽

示无理数的立方根。在代数方面，提出了正负数的概念及其加减运算的法则，改进了线性方程组的解法。在几何方面，提出了割圆术，就是将圆周用内接或外切正多边形穷竭的一种求圆面积和圆周长的方法。他利用这一割圆术科学地求出了圆周率 π=3.1416的结果，从直径为2尺的圆内接正六边形开始割圆，依次得正十二边形、正二十四边形……割得越细，正多边形面积和圆面积之差越小，最后终于验证了 π 值。

刘徽注《九章算术》九卷，并撰有《海岛算经》、《九章重差图》，对先秦至两汉时期中国数学的成就，作了系统的阐发，提出许多创造性的见解，从而把我国古代数学提高到一个新水平。他的割圆术、圆周率近似值、四棱锥体积公式证明、出入相补原理等，都为古代数学的发展做出了杰出的贡献。他处

理球体积问题的方法，为祖冲之父子解决这一问题提供了正确途径。《海岛算经》发展了传统的重差术和勾股测量法。

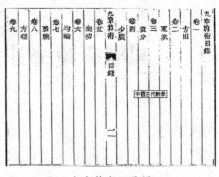

九章算术目录页

刘徽一生集前辈之大成，总的来说，在数学方面的成就可概括为两个方面：一是刻苦探求，清理阐发古代数学理论，致力于建立完整的科学理论体系；二是学而不厌，推陈出新，取得一批出色的数学创作。刘徽特别重视和强调数学理论的研究。在他看来，在学习与应用古代数学的基础上，开展理论研究是一项十分重要的任务。他具有高度的抽象概括能力，致毕生精力探讨和总结数学中的普遍原理原则，解决了许多重大的理论关键问题，是我国最早明确主张用逻辑推理的方式来论证数学命题的人。他在几何学方面的贡献尤为显著，他给我们留下了宝贵的财富。

⊙扩充链接

刘徽的教育模式

在公元263年前后，刘徽为《九章算术》作注，尝试提出了"以问题为中心，从例中学"的教育模式。这种教育模式以数学教科书《九章算术》与秦九韶的《数书九章》为代表。刘徽提倡的"问题—解法—原理"的程序，启发人们进行探索问题。

圆周率精密计算第一人祖冲之

⊙拾遗钩沉

祖冲之（429—500年），字文远，数学家、天文学家，生于建康（今南京），祖家历代都对天文历法素有研究，因此祖冲之从小有机会接触天文、数学知识。祖冲之青年时，就获得博学多才的赞誉，为此宋孝武帝派他到"华林学省"做研究工作。公元461年，在南徐州（今江苏镇江）刺史府里先后任南徐州从事史、公府参军。公元464年调至娄县（今江苏昆山东北）任县令。在此期间编制《大明历》，计算圆周率。宋朝末年，祖冲之回到建康任谒者仆射，花了较大精力来研究机械制造。公元494—498年，担任长水校尉一职，享受四品俸禄，72岁去世。

一天，祖冲之正在聚精会神的看三国时期科学家刘徽所著《九章算术》，受其启发，他决心算出更精确的圆周率。此后，每天早上祖冲之外出忙公事，下午回来就一头钻进书房，全神贯注，以致废寝忘食。祖冲之在书房的地板上画了一个直径一丈的大圆，运用"割圆术"的计算方法，在圆内先作了一个正六边形，开始计算。依次算圆内接正12边形的边长，再算内接24边形的边长，内接48边形的边长，内接96边形的边长……边数成倍地增加，终于得出3.141 592 6和3.141 592 7之间这一当时最精确的圆周率值。

有人认为祖冲之圆周率中的"朒数"，是用作圆的内接正多边形的方法求得的；而"盈数"则是用作圆的外切正多边形的方法求得的。祖冲之究竟是否同时用过内

我国著名科学家——祖冲之

接和外切这两个方法求出圆周率的"盈数"和"朒数"，是没有确切史料可以证实的。不过采用这一方法所求出的"盈"和"朒"两个数值，和祖冲之计算的结果大体吻合。

在推算圆周率时，祖冲之不知付出了多少巨大而辛勤的劳动。如果从正六边形算起，算到24576边时，就要把同一运算程序反复演算12次，每一运算程序又包括加减乘除和开方等十多个步骤。我们现在用算盘来作出这样的计算，也是异常吃力的。当时祖冲之进行这样繁难的计算，只能通过算筹来逐步推演。如果头脑不是十分冷静精细，或者缺乏坚韧不拔的毅力，那么是绝对不会成功的。祖冲之顽强刻苦的研究精神，是值得推崇的。

祖冲之的主要成就在数学、天文历法和机械制造三个领域。此外历史记载祖冲之精通音律，擅长下棋，还写有小说《述异记》。祖冲之著述很多，但大多已失传。

在数学上，祖冲之研究过《九章算术》和刘徽所做的注解，给《九章算术》和刘徽的《重差》作过注解；研究过"开差幂"和"开差立"问题，涉及到二次方程和三次方程的求根。祖冲之著有《缀术》一书，被收入《算经十书》，成为唐代国子监算学课本，《缀术》曾经传至朝鲜和日本，到北宋时失传。人们只能通过其他文献了解祖冲之的部分工作：在《隋书·律历志》中留有小段祖冲之关于圆周率工作的记载；唐代李淳风在《九章算术》注文中记载了祖冲之和儿子祖暅求球体积的方法。

月球上的祖冲之环形山

为纪念祖冲之，人们将月球背面的一座环形山命名为"祖冲之环形山"，将小行星1 888命名为"祖冲之小行星"。

⊙扩充链接

两项重大改革

在《大明历》中，祖冲之有两项重大改革，一项是打破了我国沿袭很久的"19年7闰"的传统做法。经过仔细推算，祖冲之精确地得出了每391年中加上144个闰月的新闰法。在历法计算中，祖冲之第一次运用了东晋天文学家虞喜发现的岁差原理，精确地计算出一回归年是365.24284481日，同近代科学测量相比一年只差50秒，在天文历法史上无疑是一个重大的进步。

晋代天文学家——虞喜

宋元数学高潮的先驱贾宪

⊙拾遗钩沉

　　中国数学发展到宋元时期，终于达到了高峰。这是数学创新的黄金时期，各种数学成果如雨后春笋，层出不穷。其中特别引人注目的，当首推北宋数学家贾宪的"贾宪三角"了。由于史书缺少记载，所以对这位数学家的生平事迹不甚了了，只知道他曾经当过宋代小官，是当时天文数学家楚衍的学生，写过两部数学著作，可惜都失传了。幸亏南宋数学家杨辉在他的书中引述了贾宪的许多数学思想资料，才使我们今天能够初步了解贾宪杰出的数学成就。

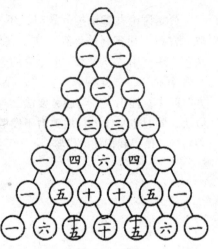

杨辉三角示意图

其中最著名的当推贾宪的"开方作法本源图"。杨辉在所著《详解九章算法》《开方作法本元》一章中介绍了此图，并特意说明"出释锁算书，贾宪用此术"，所以过去流传的"杨辉三角"应该改为"贾宪三角"才最为准确。

　　贾宪，北宋人，11世纪前半叶中国北宋杰出数学家。据《宋史》记载，贾宪师从数学家楚衍学天文、历算，著有《黄帝九章算法细草》、《释锁算书》等书。贾宪著作都已失传，但他对数学的重要贡献，被南宋数学家杨辉引用而得以保存下来。贾宪的主要贡献是创造了贾宪三角和增乘开方法。增乘开方法即求高次幂的正根法，它比传统的方法方便简捷，更体现程序化，在开高次方时，尤显它的优越性。增乘开方法的计算程序大致和欧洲数学家霍纳的方法相同，但比霍纳早770年。贾宪对于《九章算术》中提出的问题，抽象分析，揭示数学本质；借助程序化，讲解方法的原理；提纲挈领，梳理知识脉络；注重知识系统化，避免产生悖论。这些思想方法对宋元数学家也有很深的影响。

此外，"立成释锁开方法"的提出，"勾股生变十三图"的完善以及"增乘方求廉法"的创立，都表明贾宪对算法抽象化、程序化、机械化作出了重要贡献。

⊙扩充链接

注重发散性思维的锻炼

贾宪讨论九章诸类问题时，不是固守前人的思路方法，而是不断开拓进取，发现了很多新的计算方法。在均输章中，他提出了"课分法"、"减分法"，还有用"方程术"求差率的方法；在盈不足章中，提出了"今有术"、"合率术"、"分率术"、"方程术"、"两不足术"等方法；在"勾股容方"问中，提出了"勾股旁要法"等。可见，贾宪不仅注重概括理论化的研究方法，同时也身体力行地致力于发散性思维的锻炼，这对于知识的创新是大有裨益的，值得我们加以借鉴。

中世纪数学泰斗秦九韶

⊙拾遗钩沉

秦九韶*（1202—1261年），字道古，南宋著名数学家，生于四川，祖籍山东，先后在湖北、安徽、江苏、浙江等地做官，1261年左右被贬至梅州（今广东梅县），不久死于任所。他在政务之余，对数学进行潜心钻研并广泛搜集历学、数学、星象、音律、营造等资料，作出分析、研究。

宋淳祐四至七年（1244—1247年），在为母亲守孝时，秦九韶把长期积累的数学知识和研究所得加以编

宋代数学家——秦九韶

辑，写成了巨著《数学九章》，并创造了"大衍求一术"。这不仅在当时处于世界领先地位，就是在近代数学和现代电子计算机程序设计中，也起到非常重要的作用，被誉为"中国剩余定理"。他所论的"正负开方术"，被誉为"秦九韶程序"。秦九韶还提出，数学不仅是解决实际问题的工具，而且应该达到"通神明，顺性命"的崇高境界。

《数书九章》全书九章九类，十八卷，每类9题计81题。该书大多由"问曰"、"答曰"、"术曰"、"草曰"四部分组成："问曰"是从实际生活中提出问题；"答曰"是给出答案；"术曰"是阐述解题原理与步骤；"草曰"是给出详细的解题过程。另外，还有词简意赅的颂词，用来记述本类算题的主要内容、与国计民生的关系及其解题思路等。

《数书九章》在数学内容上颇多创新。算筹式记数法及其演算式在此得以完整保存；自然数、分数、小数、负数都有专条论述，第一次用小数表示无理根的近似值；灵活运用最大公约数和最小公倍数，并首创连环求等，借以求几个数的最小公倍数；在《孙子算经》中"物不知数"问题的基础上总结成大衍

求一术，使一次同余式组的解法规格化、程序化；继贾宪增乘开方法进而作正负开方术，使之可以对任意次方程的有理根或无理根来求解，改进一次方程组解法，用互乘对减法消元，与现今的加减消元法完全一致；同时给出了筹算的草式，可使它扩充到一般线性方程中的解法。除此之外，秦九韶还提出了秦九韶算法。直到今天，这种算法仍是多项式求值比较先进的算法。

《数书九章》是对《九章算术》的继承和发展，概括了宋元时期中国传统数学的主要成就，标志着中国古代数学的高峰。当它还是抄本时就先后被收入《永乐大典》和《四库全书》，1842年第一次印刷后即在民间广泛流传。秦九韶所创造的正负开方术和大衍求一术长期以来影响着中国数学的研究方向。焦循、李锐、张敦仁、骆腾凤、时曰醇、黄宗宪等数学家的著述都是在《数书九章》的直接或间接影响下完成的。秦九韶的成就也代表了中世纪世界数学发展的主流与最高水平，在世界数学史上占有崇高的地位。

秦九韶是一位既重视理论又重视实践，既善于继承又勇于创新的数学家。他所提出的大衍求一术和正负开方术及其名著《数书九章》，是中国数学史、乃至世界数学史上光彩夺目的一页，对后世数学发展产生了广泛的影响。

中国传统数学发展到宋元时代，达到了鼎盛，秦九韶就是这个时期产生的著名"宋元四大家"之一。美国科学史家萨顿说，秦九韶是"他那个民族、他那个时代、并且确实也是所有时代最伟大的数学家之一。"

《数书九章》中的序章

《数书九章》中三斜求积术

问沙田一段，有三斜，其小斜一十三里，中斜一十四里，大斜一十五里，里法三百步，欲知为田几何？答曰："三百五十顷。"

以小斜幂，并大斜幂，减中斜幂，余半之，自乘于上；以小斜幂乘大斜幂，减上，余四约之，为实；一为从隅，开平方得积。

秦九韶把三角形的三条边分别称为小斜、中斜和大斜。"术"即方法。三斜求积术就是用小斜平方加上大斜平方，减中斜平方，取余数的一半，自乘而得一个数。小斜平方乘以大斜平方，减上面所得到的那个数。相减后余数被4除，所得的数作为"实"，作1作为"隅"，开平方后即得面积。

多产的数学教育大师杨辉

⊙拾遗钩沉

杨辉，南宋时期杰出的数学家和数学教育家。13世纪中叶活动于苏杭一带，曾做过地方官，足迹遍及钱塘、台州（今浙江临海）、苏州等地。与他同时代的陈几先称赞他"以廉饬己，以儒饰吏"。杨辉特别注意社会上有关数学的问题，多年从事数学研究和教学工作，他走到哪里就在哪里答复人们请教的数学问题。

从1261~1275年的15年中，杨辉先后完成数学著作五种二十一卷，即《详解九章算法》十二卷（1261），《日用算法》二卷（1262），《乘除通变本末》三卷（1274），《田亩比类乘除捷法》二卷（1275）和《续古摘奇算法》二卷（1275）（其中《详解》和《日用算法》已非完书），后三种合称为《杨辉算法》。

杨辉自己介绍写这五部书的编著过程，说道："《九章》为算经之首，辉所以尊尚此书，留意详解，或者有云：无启蒙之术，初学病之，又以乘除加减为法，秤斗尺田为问，目之曰《日用算法》，而学者粗知加减归倍之法，而不知变通之用，遂易代乘代除之术，增续新条，目之曰《乘除通变本末》，及见中山刘先生益撰《议古根源》，演段锁积，有超古入神之妙，其可不为发扬，以俾后学，遂集为《田亩算法》。通前共刊四集，自谓斯愿满矣。一日忽有刘碧涧、丘虚谷携诸家算法奇题及旧刊遗忘之文，求成为集，愿助工板刊行，遂添摭诸家奇题与夫缮本及可以续古法草总为一集，目之曰《续古摘奇算法》。"（《续古摘奇算法》序）

《乘除通变本末》三卷，皆各有题，在总结民间对等算乘除法的改进上作出了重大贡献。上卷题为《算法通变本末》，提出"习算纲目"，是数学教育史的重要文献，又论乘除算法；中卷题为《乘除通变算宝》，论以加减代乘除、求一、九归诸术；下卷题为《法算取用本末》，是对中卷的注解。

杨辉的数学研究与教育的重点在计算技术方面，他对筹算乘除捷算法作出总结，并加以发展，有的还编成了歌诀，如九归口诀。他在《续古摘奇算法》

中介绍了各种形式的"纵横图"及有关的构造方法，同时"垛积术"是继沈括"隙积术"后，杨辉作出的关于高阶等差级数方面的研究。

对数学重新分类也是杨辉的重要数学工作之一。杨辉在详解《九章算术》的基础上，专门增加了一卷"纂类"，将《九章算术》246个题目按解题方法由浅入深的顺序，重新分为乘除、分率等九类。

杨辉的著作大都注意应用算术，浅近易晓。其著作还注意继承中国古代数学传统，广泛征引数学典籍和当时的多种算书，比如刘益的"正负开方术"、贾宪的"开方作法本源图"和"增乘开方法"，这些极其宝贵的数学史料幸亏被杨辉加以引用，否则，中国古代数学的一些杰出成果就会被埋没，我们将无法知晓。

杨辉不仅著述甚丰，而且是一位杰出的数学教育家。他特别注重数学的普及教育，其许多著作都是为此而编写的教科书。杨辉主张在数学教育中贯彻理论联系实际的原则，贯彻循序渐进的原则，在《算法通变本末》中，专门为初学者制了一份"习算纲目"，要求初学者抓住要领，反复练习。杨辉一生治学严谨，教学一丝不苟，他的这些教育理论和方法，至今仍然有很重要的参考价值。

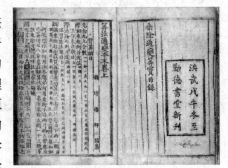

算法通变本末

⊙扩充链接

神算少年杨辉

南宋度宗年间，听说钱塘百里郊外有位老秀才精通算学，少年杨辉急忙赶过去。老秀才出了一题考他："直田积八百六十四步，只云阔不及长十二步，问长阔共几何？"（用现在的话来说就是：长方形面积等于864平方步，已知它的宽比长少12步，问长和宽的和是多少步？）并说："你什么时候算出来，什么时候再来。"正当老秀才闭目思量时，杨辉回答了："老先生，学生算出来了，长阔共60步。"老秀才夸奖道："神算，神算！"后来在老秀才的指导下，杨辉通读了许多古典数学文献，数学知识得到全面、系统的发展。

"天元术"之集大成者李冶

⊙拾遗钩沉

　　李冶（1192—1279年），真定栾城（今河北栾城）人，宋元四大数学家之一，天资明敏，潜心数学。作为立和解一元高次数学方程式的一种表达方法的天元术，虽在北宋已经产生，但记号混乱复杂，内容艰深，演算烦琐，难以推广。

　　李冶在前人的基础上，准备将天元术改进成一种简便而实用的方法。当时，北方出了不少算书，如《铃经》、《照胆》、《如积释锁》、《复轨》等，为李冶的数学研究提供了条件，特别是当他得到一部叫《洞渊九容》的数学秘籍后，茅塞顿开。此时李冶决定把勾股容圆问题作为系统来研究，探讨在各种条件下用天元术求圆径的问题。经过长年研究，李冶的研究专著十二卷《测圆海镜》问世，这是他一生中的最大成就。

　　《测圆海镜》不仅保留了洞渊九容公式，即九种求直角三角形内切圆直径的方法，而且给出一批新的求圆径公式。卷一的"识别杂记"阐明了圆城图式中各勾股形边长之间的关系以及它们与圆径的关系，共600余条，每条可看作一个定理（或公式），这部分内容是对中国古代关于勾股容圆问题的总结。后面各卷的习题，都可以在"识别杂记"的基础上以天元术为工具推导出来。李冶总结出一套简明实用的天元术程序，并给出化分式方程为整式方程的方法。他发明了负号和一套先进的小数记法，采用了从零到九的完整数码。

　　《测圆海镜》的成书标志着天元术成熟，成为当时世界上一流的数学著作。但由于内容艰深，粗知数学的人看不懂，而且当时数学不受重视，迫使李冶写出一本深入浅出、便于教学的书，《益古演段》便应运而生。《测圆海

宋元数学家——李冶

从珠算到神威蓝光系统

镜》的研究对象是离生活较远而自成系统的圆城图式，《益古演段》则把天元术用于解决实际问题，研究对象是日常所见的方、圆面积。李冶大概认识到，天元术是从几何中产生的。因此，为了使人们理解天元术，就需回顾它与几何的关系，给代数以几何解释，而对二次方程进行几何解释是最方便的，于是便选择了以二次方程为主要内容。李冶也很乐于作数学普及工作，他在序言中说："使粗知十百者，便得入室哜其文，顾不快哉！"

《益古演段》的价值不仅在于普及天元术，理论上也有创新。首先，李冶善于用传统的出入相补原理及各种等量关系来减少题目中的未知数个数，化多元问题为一元问题。其次，李冶在解方程时采用了设辅助未知数的新方法，以简化运算；他还注意运用人们易懂的几何方法对天元术进行解释，图文并茂，深入浅出，使之成为天元术的入门书。

《测圆海镜》内容图

李冶的数学研究是以天元术为主攻方向的。这时天元术虽已产生，但还不成熟，就像一棵小树一样，需要人精心培植。李冶用自己的辛勤劳动，终于使它成长为一棵枝叶繁茂的大树。

⊙扩充链接

善于接受前人知识

李冶在桐川的生活十分艰苦，"虽饥寒不能自存，亦不恤也"，在"流离顿挫"中"亦未尝一日废其业"。有人问学于李冶，李冶回答说："学有三：积之之多不若取之之精，取之精不若得之之深"。这就是说，要去其糟粕，取其精华，并努力使它成为自己的东西。他认为数来源于自然，所谓"昭昭者"，乃是数中的"自然之理"，"苟能推自然之理，以明自然之数，则虽远而乾端坤倪，幽而神情鬼状，未有不合者矣。"李冶还反对文章的深奥化和庸俗化，他认为文章是写给别人看的，而不是为自己写的。他的《益古演段》就是这种主张下的著作。

一代数学宗师沈括

⊙拾遗钩沉

沈括（1033—1097年）北宋钱塘人，我国历史上一位博学多才、成就卓著的学者，也是11世纪世界一流的科学家。沈括自幼好学，对天文、地理、数学、物理、化学、生物、医药、水利、军事、文学、音乐很多方面的知识都感兴趣，并认真研究，加以改进，取得了举世瞩目的卓越的科学成就。

同时，他博学善文，对方志律历、音乐、医药、卜算等无所不精。他晚年所著的《梦溪笔谈》详细记载了劳动人民在科学技术方面的卓越贡献和他自己的研究成果，反映了我国古代特别是北宋时期自然科学取得的辉煌成就。《梦溪笔谈》不仅是我国古代的学术宝库，而且在世界文化史上也有重要的地位。《梦溪笔谈》是中国科学史上的坐标，是沈括一生社会和科学活动的总结，内容极为丰富，包括天文、历法、数学、物理、化学、生物、地理、地质、医学、文学、史学、考古、音乐、艺术等共600余条。其中200来条属于科学技术方面的内容，记载了他的许多发明、发现和真知灼见。

沈括在数学方面也有精湛的研究。他根据平时遇到的一些计算问题，从实际计算需要出发，创立了"隙积术"和"会圆术"。

沈括通过对酒店里堆起来的酒坛和垒起来的棋子等有空隙的堆体积的研究，提出了求它们的总数的正确方法，这就是隙积术，也就是二阶等差级数的求和方法。从数学发展史看，沈括的隙积术是《九章算术》中刍童术的发展，也是对刘徽割圆术思想的重要发展，它与数百年后西方数学积弹相似。沈括的研究，发展了自《九章算术》以来的等差级数问题，在我国古

北宋科学家——沈括

88

代数学史上开拓了高阶等差级数研究的方向。

此外，沈括还从计算田亩出发，考察了圆弓形中弧、弦和矢之间的关系，提出了我国数学史上第一个由弦和矢的长度求弧长的比较简单实用的近似公式，这就是会圆术。其主要思想是在局部上以直代曲。公式反映出：当弧长逐渐缩小直到为零时，弧和弦，即曲线和直线，终于等同起来。这一方法的创立，不仅促进了平面几何学的发展，而且在天文计算中也起了重要的作用，并为我国球面三角学的发展奠定了基础，作出了重要贡献。

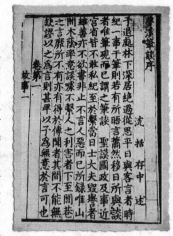

梦溪笔谈序

1088年，沈括住进润州梦溪园完成了科学巨著《梦溪笔谈》。现代英国著名学者、中国科技史研究权威李约瑟博士称《梦溪笔谈》是"11世纪的科学坐标"。此书先后被英、法、意、日等国家翻译出版。紫金山天文台张钰哲教授将他发现的小行星命名为"沈括"，并赞誉说，"沈括将与世长存，他已是千古不灭的科技巨星。"

⊙扩充链接

因地因时制宜

沈括坚持用发展变化的观点研究客观事物，得出正确的结论。他在阐释有关数学、气象、医药方面的相关问题时，多次强调要因地因时制宜。如古代规定一般2月和8月是采药的季节，沈括指出，应该根据不同情况选择采药时间，不可一味死板地"拘以定月"，这一见解是十分合理的。

平民数学家朱世杰

⊙拾遗钩沉

朱世杰（1249—1314年），字汉卿，号松庭，汉族，燕山（今北京）人氏，元代数学家、教育家，毕生从事数学教育。朱世杰在当时天元术的基础上发展出"四元术"，也就是列出四元高次多项式方程，以及消元求解的方法。此外他还创造出"垛积法"，即高阶等差数列的求和方法；"招差术"，即高次内插法。主要著作是《算学启蒙》与《四元玉鉴》。

元统一中国后，朱世杰曾以数学家的身份周游各地20余年，向他求学的人很多，他到广陵（今扬州）时"踵门而学者云集"。他全面继承了前人的数学成果，既吸收了北方的天元术，又吸收了南方的正负开方术、各种日用算法及通俗歌诀，在此基础上进行了创造性的研究，写成以总结和普及当时各种数学知识为宗旨的《算学启蒙》，又写成四元术的代表作《四元玉鉴》，先后于1299年和1303年刊印。

《算学启蒙》全书共三卷，分为20门，收入了259个数学问题。书之开篇，朱世杰撰写了一些常用的数学歌诀和数学常数，如乘法九九歌诀、除法九归歌诀、斤两化零歌诀，以及筹算记数法则、大小数进位法、度量衡换算、圆周率、正负数加减法则、正负数乘法法则、开方法则等。正文则包括了乘除法运算及其捷算法、增乘开方法、天元术、线性方程组解法、高阶等差级数求和等，几乎包括了当时数学学科各方面的内容。全书由浅入深，从一位数乘法开始，一直讲到当时的最新数学成果——天元术，形成了一个比较完整的体系。难怪清代学者罗士琳评论说，《算学启蒙》"似浅实深"。

《四元玉鉴》是朱世杰阐述多年研究成果的一部力著。全书分三卷，24门，288问，书中所有问题都与求解方

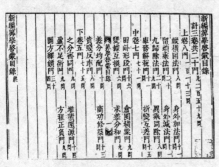

《算学启蒙》目录

程或求解方程组有关，其中四元问题有7问，三元者13问，二元者36问，一元者232问。卷首列出了贾宪三角等四种五幅图，给出了天元术、二元术、三元术、四元术的解法范例；后三者分别是二元、三元、四元高次方程组的列法及解法。创造四元消法，多元高次方程组的建立和求解方法是该书的最大贡献，秦九韶的高次方程数值解法和李冶的天元术也包含在内，书中另一个重大成就是系统解决高阶等差级数求和问题和高次招差法问题。

朱世杰的学术研究

由于朱世杰和其他数学家的共同努力，使宋、元时期的数学水平达到前所未有的高度，在很多方面跃居世界前列。如果把诸多数学家比作群山，那么朱世杰就是一座高大而雄伟的山峰。站在朱世杰数学思想这座高大而雄伟的山峰高度俯瞰传统数学，会有"一览众山小"之感。朱世杰继承和发展了前人的数学成就，为推进我国古代数学的发展做出了不可磨灭的重要贡献。朱世杰不愧是我国乃至世界数学史上负有盛名的数学家。

⊙扩充链接

朱世杰著作的幸运

乾隆三十七年（1772年）《四库全书》开馆时，挖掘了不少古代数学典籍，朱世杰的著作却没有被发现。阮元在浙江访得《四元玉鉴》，随即将其编入《四库全书》，并把抄本交给李锐校对，后由何元锡按这一抄本刻印，这是《四元玉鉴》初版以来的第一个重刻本。1839年，扬州学者罗士琳《四元玉鉴细草》出版，这是他经多年研究之后编著的作品，对《四元玉鉴》书中每一问题，罗氏都作了阐释。此时《算学启蒙》还无着落。罗士琳请人在北京找到顺治十七年朝鲜全州府尹金始振的翻刻本，这样，《算学启蒙》又在扬州重新刊印出版，这就是该书现存各种版本的母本。

郭守敬编成最精密的历法《授时历》

⊙拾遗钩沉

　　1276年，元世祖忽必烈攻下南宋首都临安，统一前夕，命令编制新历法，由张文谦负责成立新的治历机构太史院，王恂任太史令，郭守敬为同知太史院事，建立天文台。经过四年努力，终于在1280年编成了这部历史上空前精确且先进的历法，根据古书上"授民以时"的命意，取名为《授时历》。

　　根据大量观测资料，分析研究了自西汉以来的70多种历法，力求吸取各种历法之长，郭守敬等人制订出《授时历》。它摈弃了沿用几百年的上元积年法，以至正十七年（1280年）冬至作为历元（就是与天文学所列数据、图表相对应的时刻）。确定了一朔望月的长度为29.530593日，一回归年的长度为365.2425日，如果以小时计

纪念馆收藏的《授时历》

算，为365日5时49分12秒，它的精确度比地球绕太阳公转一周的实际时间只差26秒，要经过3320年后才相差一日；和现在通用的公历（格里高利历）一年的长度完全相同，不过它比格里高里历的出现早了300年。这真是一项了不起的伟大成就。

　　在研制《授时历》四年的过程中，郭守敬等人在数学领域也取得骄人的成就。他们运用了招差法精确推算太阳、月亮以及五星逐日运行的情况，这一成果比欧洲早400年。英国天文学家格列高里最先对招差法作了说明（1670年），在牛顿的著作中，直到1676~1678年才出现招差法的普遍公式。他们还运用弧矢割圆术来进行黄道坐标和赤道坐标数值之间的换算，以二次内插法解决了造成历法不准确的问题。

　　《授时历》编成以后，郭守敬集中精力编写著作，先后撰成《推步》、

《立成》、《历议拟稿》等书籍，包括极其珍贵的两个星表，可惜后来都失传了。《授时历经》、《授时历议》和简仪、圭表等几种仪器的构造和使用方法，由于载入《元史》，才得以保存下来。

从1281年起，《授时历》在全国开始颁布实行，使用时间长达363年，是我国历史上使用最长的一部历法。《授时历》编制不久即传播到日本、朝鲜，并被采用。近年来日本和欧美等国的天文学家和天文学史家对《授时历》产生了新的兴趣，进行了广泛而深入的研究，并组织了翻译工作。

在世界天文学史上，《授时历》具有突出的位置，郭守敬也受到国际天文学界的广泛尊敬，月球背面一座环形山被命名为"郭守敬环形山"，1964年发现的一颗小行星被命名为"郭守敬小行星"。

《授时历》主编之一——郭守敬塑像

⊙扩充链接

奉旨"四海测验"

据史载，1279年，元代著名天文学家郭守敬奉旨进行"四海测验"时，南海测量点就在黄岩岛。事实说明至少在元朝，中国就已发现黄岩岛，为黄岩岛命名，并将其纳入中国版图，实施主权管辖。

在研制新历法过程中，郭守敬认真分析研究了西汉以来的70多种历法，广泛吸取前人的经验和教训，坚持实际测量，不断努力提高新历法的精度。

珠算宗师程大位

从珠算到神威蓝光系统

⊙拾遗钩沉

程大位（1533—1606年），字汝思，号宾渠，休宁率口（今屯溪）人。出身商家，少年时聪敏好学，读书极为广博，尤喜数学。从20岁起便在长江中、下游一带经商，遍游吴楚，因商务计算需要，随时留心数学，遇有数算名家和民间珠算高手，"辄造访问难，孜孜不倦"，同时不惜重金购求遗书。

40岁时，程大位弃商归故里，有感于传统筹码计数法的不便，决心编撰一部简明实用的数学书以助世人之用。于是认真钻研古籍，撷取名家之长，历经20年，于明万历壬辰年（1592年），60岁时完成巨著《算法统宗》十七卷。该书前两卷讲基本事项与算法，三卷至十二卷为应用问题

珠算宗师——程大位

解法汇编，十三卷至十六卷为"难题"汇编，十七卷为杂法，最后附记《算学源流》。其后六年，又对该书"删其繁芜，揭其要领"，取其切要部分，另编为《算法纂要》四卷，于万历二十六年（1598年）在屯溪刻印，成为后世民间算家最基本的读本。

《算法统宗》是一部用算盘为计算工具的应用数学书，搜集了古代流传的595道数学难题并记载了解决方法，它的贡献在于将数字从筹码计算进化到珠算计算，详述了传统的珠算规则，确立了算盘用法，完善了珠算口诀。《中国古代数学简史》点评道："《算法统宗》的编成及其广泛流传，标志着由筹算到珠算这一历史性转变的完成。从此珠算就成了主要计算工具，而筹算就逐渐被人们遗忘以致失传了。"《算法统宗》总结了加减乘除的珠算方法，并绘有

算盘图式，第一次提出开平方、开立方的珠算方法，在列举各种珠算方法的同时，还指出最简便的珠算方法乘法，"有破头乘、掉尾乘、隔位乘，看来唯留头乘精妙"；除法"唯归除最妙"；而开方之法，必用"商除"。这些简便、准确的计算方法，至今仍为人们广泛使用。该书算法皆偏于实用，在我国数学史上占有重要地位，堪称中国16~17世纪数学领域集大成的著作。明末已传入日本、朝鲜、东南亚各国。

程大位的另一发明是"丈量步车"，以竹篾制作，类似今天的皮尺，上标长度单位，相对木尺是重大革新。

程大位发明的丈量步车

⊙扩充链接

珠算申遗

程大位珠算法为国家级非物质文化遗产项目。计算是人类生活的基本技能，珠算是我国古代人民的一项伟大创造，是祖国珍贵的历史文化遗产。珠算具有多种功能，特别是珠算启蒙功能，学会珠算终生受益，现代计算机不能完全替代，这正是珠算的生命力所在和珠算光明前景的魅力所在。

奉西学而未敢"弃儒先"的梅文鼎

⊙拾遗钩沉

梅文鼎是清初天文学家、数学家。字定九，号勿庵，安徽宣城人。生于明崇祯六年，卒于清康熙六十年。少年时师从私塾老师罗王宾学习天文知识，27岁跟随倪正学习大统历。1675年以后专心致力于天文数学的研究。1679年曾在臬台金长真幕下当教席。1689年到北京教书，五年后回家继续研究天文数学，直至去世。据他自撰的《勿庵历算书目》（1702年），有天文数学著作70余种，其中数学著作20余种。康熙皇帝曾三次召见他，向他请教天文数学。清代著名学者钱大昕赞誉他为"国朝算学第一"。

在传统数学研究方面，梅文鼎较系统地整理和研究了一次方程组解法，勾股形解法以及求高次幂正根的方法。在《方程论》中，纠正了当时一些作品中的数学错误；对系数为分数的一次方程组提出新的解法。他把传统数学分为算法和量法。在《勾股举隅》中，指出已知勾、股、弦、勾股和、勾股较、弦和和、弦和较以及勾股积等十四事中任两事，可求解勾股形，梅文鼎还举出若干例题来证明这种算法的正确。在《少广拾遗》中，他依据二项定理系数表，举例说明求平方、立方到12乘方的正根的方法，虽未能恢复和发展增乘开方法，但使得明代逐渐消失的求高次幂正根的方法重新发展起来。

对当时传进来的西方数学，梅文鼎进行了全面系统的整理，并有所创造。根据中国书写的特点和传统的习惯，他把《同文算指》的横式算式改为直式，把《筹算》中直式的纳皮尔算筹改为横式。在《度算释例》介绍伽利略比例规的算法中，改正了罗雅谷在其《比例规解》中的讹误。在《几何补编》中证明了除六面体外的其他几种多面体的

清代天文家、数学家——梅文鼎

体积和内切球半径的公式，纠正了罗雅谷计算二十面体体积的错误。

梅文鼎认为《几何原本》"以点线面体为测量之资，制器作图颇为精密"，但"篇目既多，而取径纡回，波澜阔远，枝叶扶疏，读者每难卒业"。因此他用传统的勾股算法进行会通，证明了《几何原本》中的15个定理。《堑堵测量》是用勾股算法会通球面直角三角形的边角关系公式，《环中黍尺》是用直角射影的方法证明球面三角学的余弦定理，结合球面三角

《梅氏丛书辑要》共六册

计算的需要，梅文鼎在书中还用几何方法证明平面三角学的积化和差公式。

梅文鼎生于西方历算东渐、中国古代科学衰微之时，他积60年之精力，专功历算，集古今之大成，冶中西于一炉，述旧传新，继往开来，开清代历算中兴的先河。其影响及于整个清代，所谓"自征君以来，通数学者后先辈出，而师师相传，要皆本于梅氏"。其声誉播于海外，逝世之后，后人将其历法、数学著述汇为《梅氏丛书辑要》（收书23种，计60卷）。诗文杂著则以《绩学堂文钞》和《绩学堂诗钞》刊印，出版不久，即东传日本诸国。

⊙扩充链接

梅文鼎与康熙皇帝

康熙二十九年，梅文鼎将其研习天文历法心得以问答形式编成《历学疑问》，康熙帝读了此书，对书中观点非常欣赏。康熙四十四年，康熙帝于南巡途中，在德州运河舟中三次召见梅文鼎，"从容垂问，至于移时"，表示"历象算法，朕最留心，此学今鲜知者，如梅文鼎实仅见也"。在御舟中，康熙帝赐御书扇幅及珍馔，并赐"绩学参微"四个大字，成为清代数坛佳话。

中算无穷级数新领域的开拓者明安图

⊙拾遗钩沉

明安图（1692—1765年），字静庵。清代蒙古族杰出数学家、天文学家。蒙古正白旗（今内蒙古锡林郭勒盟正镶白旗）人，蒙古族。

1670年，明安图被选入钦天监学习天文、历象和数学。1712年，因才华出众，成为得宠的官学生，并从康熙在皇宫听西方传教士讲授测量、天文、数学。初任钦天监时宪科五官正。在钦天监任宪科五官正时，每年将汉文本的《时宪书》译成蒙文，呈清廷颁行，供蒙古使用。

在天文学研究的过程中，明安图运用数学不断解决天文历法问题，自然对数学逐渐产生兴趣，更深感数学的重要，数学终于成为他所最酷爱的一门科学。明安图参与编写《律历渊源》一书时，法国传教士杜德美将欧洲数学中的3个无穷极数传入中国，并由我国数学家梅毂成译成中文为"西士杜德美法"。这个方法实际上是格列高里和牛顿发现的，但杜德美仅介绍了公式，而对其推导方法则"秘而不宣"。面对洋人的这种蔑视中国的行径，明安图极为愤慨，决心将其公式加以证明。大约是从雍正五年（1727年）开始，他以惊人的毅力，利用工作余暇深入钻研和探讨数学，前后凡30余年，终于大功告成。

清代蒙古族数学家——明安图

明安图首先自己独立地论证了杜德美秘而不宣的"圆径求周"、"弧背求正弦"、"弧背求正矢"三个公式的"立法之原"，从而揭示了杜德美所"藏匿"的根数。在钻研这三个公式的同时，又发现和创立了超越当时世界科学水平的六个新公式：即弧背求通弦、弧背求矢、通弦求弧背、正矢求弧背、矢求弧背。将原杜德美的三个公式和这六个公式相加起来共九个公式，后人称为"九术"，明安图为此自豪地说："以上九法，皆至精至密"。在证明这九公式的过程中，发现数的计算极为繁琐，为了简化程序，采取三角变换的方法，由此又创出四个公式，总称割圆十三术。

明安图的割圆术，是采用连比例的归纳方法来证明的。他所创立的这种"割圆连比例法"，包含着形数结合和直线与圆弧互相转化的先进思想。这种以直线求圆线，以圆线求直线的思想，与西方的微积分具有异曲同工的意义，是当时世界数学领域中一种比较先进的思想，所以被清代数学界誉为"明氏新法"，由其弟子整理编成为四卷本数学专著《割圆密率捷法》。明安图则被誉为我国微积分学的先驱和高等数学的开创者。

藏书明安图的《割圆密率捷法》

2002年5月26日，经国际天文学联合会小天体提名委员会批准，中国科学院和国家天文台把编号为28242的小行星命名为明安图星。

⊙ **扩充链接**

参编《律历渊源》

青年时期，明安图曾以官学生的名义参加过天文算法巨著《律历渊源》的编纂工作，这对于他获得丰富的天文和数学知识起了很大作用。这部书共有100卷，包括历法、数学和音律三大部分，花了近10年时间，于1721年完成。

穷幽极微，推陈出新的汪莱

⊙拾遗钩沉

汪莱（1768—1813年），字孝婴，号衡斋，安徽歙县人。数学、天文、经学、训诂学、音韵学和乐律等都有很深造诣，尤以数学成就最为显著，成为清代中叶著名数学家。其数学著作，主要有《衡斋算学》七册，以及收在《衡斋书遗》中的《参两算经》和《校正〈九章算术〉及戴氏订讹》等。《遗书》中还有乐律、训诂等著作数种。汪莱在P进位制、方程论、弧三角术和组合计算方面取得了许多重要的研究成果。

《衡斋算学》前四册，分别论述弧三角形解法、勾股形、求五分之一弧通弦术和级数。《算学》五至七册，是讨论高次方程解法，包括他与李锐、焦循关于"天之术"的讨论和辩论，其中有许多独特的创见。

汪莱的著作《衡斋算学》

在《参两算经》中，专门讨论了P（10）进制中的乘法和整除问题。对当时普遍采用十进位制，汪莱认为不必"尽立数于十"，究竟采用何种进位制为宜，原则上应当"审法与数相宜而已"。较之20世纪40年代随着电子计算机的出现才兴起的P进位制研究提早150余年。

中国古代方程，多侧重解法（开方术）及布列法（天元法），只求解方程的一个正根，从不考虑多根，更不考虑负根和无实根的情况，可以说是对于方程根的个数及性质认识比较模糊。他在《算学》五册"可能可不知"条中，以方程只有一个正根者，其所求之数为"可知"；不只一个正根者，其所求之数为"不可知"，列举出不同的二次、三次方程16个，分别指出其"可知"（一个根）或"不可知"（不止一个根），并把秦九韶、李冶等人算书中"不可知"题，求出第二个根来。汪莱得出结论，二次方程有二根，又论证了三次方程正根与系数的关系和三次方程有正根的条件。

在《算学》七册"审有无"一节中，汪莱阐释了方程有无实根的判别方法，还独立发现二次和三次方程判别式，且与实在的结论吻合。还通过举例证明，可用分解因式的方法来解方程。

汪莱对于方程的认识、根的存在与判别的研究，在我国方程理论研究领域具有开创性的意义。汪莱指出"弧三角之算，穷形固难，设形亦难，稍不经意，动乖其方"。他分别论证了已知三边，三角，二角夹边或二边夹角，二角对一边或二边对一角等各种情况下有解的条件，其成就在梅文鼎、戴震诸家之上。汪莱将组合计算公式建立在中国传统的贾宪三角形规律上，论证了组合运算及其若干性质。他还发现了组合规律，同时赋予古老的贾宪三角形以组合的意义。

汪莱毕生致力于数学研究，治学严谨，"所言皆人所未言与人所不能言"，其算学造诣曾为当时的同行专家所认可，焦循《加减乘除释》、张敦仁《辑古算经细草》都曾请汪莱为之作序，其序文今收载在其最有代表性的著作《衡斋文集》之中，其中对球面三角形的解法作了比较详细的论述。

汪莱是清代乾嘉学派的重要人物，他的数学成就和创造精神，受到当时和后人的高度评价。

⊙扩充链接

成就斐然

1935 年中国数学会成立大会上，近代数学史家钱宝琮先生以"汪莱的方程式论研究"为题作报告，介绍汪莱的学术成就，后又著长篇论文评述汪莱《衡斋算学》。建国后出版的《中国数学简史》和《中国数学史简编》等数学史专著中，都用专门篇幅来介绍汪莱在方程理论等方面的重要成就和贡献。

近代数学史家——钱宝琮

集翻译与教育于一身的数学大师李善兰

⊙拾遗钩沉

李善兰在数学研究方面的成就，主要有尖锥术、垛积术和素数论三项。尖锥术理论主要见于《方圆阐幽》、《弧矢启秘》、《对数探源》三种著作，成书年代约为1845年。

19世纪中叶，在西方近代数学尚未传入中国的情况下，李善兰通过独立研究，在中国传统数学垛积术和根限方法的基础上，创造的尖锥求积术，这是一种处理代数问题的几何模型，相当于幂函数的定积分公式和抽象积分法则，也就是积分之和等于和的积。他用"分离元数法"独立地得出了二项平方根的幂级数展开式，结合尖锥求积术，得到了 π 的无穷级数表达式，各种三角函数和反三角函数的展开式，以及对数函数的展开式。李善兰建立在尖锥术基础上的对数论，曾受到西方学者的高度评价。

清代数学家——李善兰

李善兰从北宋沈括的隙积术、元代朱世杰的垛积招差术中汲取营养，也就是从研究中国传统的垛积问题入手，在此基础上，标异立新，获得了一些相当于现代组合数学中的成果，独树一帜写出了有关高阶差数方面的著作《垛积比类》。其中"三角垛有积求高开方廉隅表"和"乘方垛各廉表"实质上就是组合数学中著名的第一种斯特林数和欧拉数。可以认为，《垛积比类》是早期组合论的杰作。最值得指出的是，"李善兰恒等式"是为解决三角自乘垛的求和问题提出来的一个恒等式，就是垛积术里关于高阶差数求和，用现在的观点来说就是组合数学里的一个有名的恒等式。在国际数学史上，以中国近代数学家的名字来命名数学公式，这是十分罕见的，当时在中国属于首例。

1872年，李善兰发表了我国第一篇关于"素数"方面的论文《考数根法》。"数根"即"素数"；"考数根法"就是判别一个自然数是否为素数的方法。在《考数根法》一书中李善兰指出："任取一数，欲辨是数根否，古无法焉"，然而他经过长时间的苦思冥想，终于得出了四条判别法则：（一）"屡乘求一"法；（二）"天元求一"法；（三）"小数回环"法；（四）"准根分段"法。李善兰关于素数方面的研究成果相当于著名的费尔马素数判断定理，他不仅证明了费尔马定理，而且还指出它的逆定理之不真。

在中国近代史上，李善兰以卓越的数学研究令人瞩目，他学通古今，融中西数学于一堂，"其精到之处自谓不让西人，抑且近代罕匹"，在数学方面的研究成果主要见于其所著《则古昔斋算学》13种二十四卷和题为"《则古昔斋算学》十四"的《考数根法》。

1852~1859年，李善兰在上海墨海书馆与英国传教士、汉学家伟烈亚力等人合作翻译《几何原本》后9卷的同时，又与英人艾约瑟（1823~1905年）合译英国物理学家胡威力（1795~1866年）的《重学》二十卷，附《圆锥曲线说》三卷。连伟烈亚力自己也承认，"余愧窭陋，虽生长泰西，而此术未深，不敢妄为勘定"，只能照本宣科，口译为汉语，而谬误之处全凭李善兰用自己深广的数学知识加以纠正审定。那时，李善兰"朝译几何，暮译重学"，忙得不亦乐乎，一天之中要分别与人合译两门不同学科的科学著作，几乎全身心地付出，其艰辛程度，不言而喻。"四历寒暑"，《几何原本》译本终成完璧，西方近代的符号代数学以及解析几何和微积分以《几何原本》全本为载体，第一次传入我国。同时也翻译出了《重学》、《圆锥曲线说》，这是我国近代科学史上第一部有关运动学和动力学、刚体力学和流体力学的物理学译著，它"制器考天之理皆寓于其中"，对我国学术界颇有影响。

李善兰的翻译工作匠心独运，具有开创性，其中许多科学名词，如"代数"、"函数"、"方程式"、"微分"、"积分"、"级数"、"植物"、"细胞"等，言简意赅，恰到好处，不仅在中国流传，而且东渡日本，沿用至今。"奇才动君相，绝学合中西。"（《闻李壬叔讣音》）这是清人蒋学坚称颂李善兰的诗句。

1867年李善兰在南京出版《则古昔斋算学》，汇集了20多年来在数学、天文学和弹道学等方面的著作，计有《方圆阐幽》、《弧矢启秘》、《对数

英国汉学家——伟烈亚力

探源》、《垛积比类》、《天算或问》等，他的数学著作还有《考数根法》、《粟布演草》、《测圆海镜解》、《九容图表》，另外有《造整数勾股级数法》、《开方古义》、《群经算学考》、《代数难题解》等著作因为种种原因未能加以刊行。

1868年，李善兰被荐任北京同文馆天文算学总教习，直至1882年他逝世为止。李善兰从事数学教育十余年，以《测圆海镜》为基本教材，其间又审定了《同文馆算学课艺》、《同文馆珠算金踌针》等数学教材，培养了一大批数学人才，成为中国近代数学教育的鼻祖。

继梅文鼎之后，李善兰成为清代数学史上的又一杰出代表。他一生翻译西方科技书籍甚多，将近代科学最主要的几门知识从天文学到植物细胞学的最新成果介绍传入中国，对促进近代科学的发展作出卓越贡献。自20世纪30年代以来，李善兰受到国际数学界的普遍关注和赞赏。

⊙扩充链接

无师自通的李善兰

李善兰幼年时才思敏捷，聪颖过人。9岁的他在私塾看到书架上有一本《九章算术》古算经，就偷偷取下来。不料，新奇的数学一下子把他给吸引住了。经过一段时间的演算，凭借书中的注解，他竟将全书246道应用题全做出来了。从此，李善兰开始迷上了数学。14岁时，在《九章算术》的基础上，李善兰又自学读懂了欧几里得的《几何原本》前六卷，这是明代数学家徐光启与意大利传教士利玛窦合译的。

中国近代数学的先驱熊庆来

⊙拾遗钩沉

熊庆来，字迪之，清代光绪十七年（1891年）出生于云南省弥勒县息宰村。他自幼勤奋好学，加上非凡的记忆力与天才的接受力，常令教育过他的中外教师惊叹不已。1913年，他以优异成绩考取云南教育司主持的留学比利时公费生，但因第一次世界大战爆发，只得转赴法国，在格诺大学、巴黎大学等大学攻读数学，荣获理科硕士学位。

世界知名数学家——熊庆来

1921年，熊庆来学成归国，同年秋天，东南大学（今南京大学）聘请28岁的熊庆来为算学系教授兼系主任。当时，中国的近代数学刚开始萌芽。东南大学算学系刚刚设立，专任教授只有熊庆来一人，所有高深的教学重担都由他一人挑。而且，还没有现成的讲义和教材可用，一切都得自己动手。就这样筚路褴褛，熊庆来5年间开设了许多课程，并自编讲义，计有《平面三角》、《球面三角》、《方程式论》、《微积分》、《解析函数》、《微分几何》、《力学》、《微分方程》、《偏微分方程》、《高等算学分析》等10余种。

1926年，熊庆来被清华大学聘为教授，参与筹备成立算学系。1927年，算学系正式成立。熊庆来负责建系规划，并担任讲授近世几何初步、微积分等课程。从1928年起，熊庆来接替郑桐苏担任算学系的系主任。他根据中国学生的实际需要，编写了五六种讲义、教材。其中，《高等算学分析》因使用效果好，被商务印书馆收入第一批《大学丛书》，于1933年正式出版，成为全国大学算学系的必用教材。

1931年，熊庆来在《科学》杂志看到一篇发表于1930年的论文《苏家驹之代数的五次方程式不能成立的理由》。仔细读完论文，发现论文作者"华罗庚"是个陌生的名字，后经多方打听，终于了解到华罗庚初中毕业后辍学在家的自学经历，毅然打破常规，把只有初中文化程度的华罗庚请到清华，让他边工作，边旁听数学课程，仅仅几年，华罗庚即成为驰名中外的大数学家。我国许多著名科学家，如数学家许宝騄、段学复、庄圻泰，物理学家严济慈、赵忠尧、钱三强、赵九章，化学家柳大纲等都是熊庆来的学生。20世纪60年代，70多岁的熊庆来还抱病指导两个年轻人，他们是后来也成为著名数学家的杨乐和张广厚。

熊庆来为中国数学同国际数学研究之间的巨大差距深为忧虑，决心在无穷级函数方面作出突破。1932年，作为我国第一个出席国际数学家大会的代表，熊庆来赴苏黎世参加世界各国数学家会议。会后，熊庆来再次前往法国巴黎庞加莱研究所开展研究工作，主要工作是对奈望林纳理论进行研究、推广和应用。奈望林纳的亚纯函数值分布理论是20世纪最重大的数学成就之一。两年多里，他度过了无数个不眠之夜，用掉了无数张演算稿纸，终于在无穷级整函数的研究上取得了令人惊喜的成果，完成了博士论文《关于无穷级函数与亚纯函数》，先后在《法国学术院每周报告》及维腊教授主编的《算学杂志》上发表，这篇论文在欧洲数学界引起了极大反响，被认为包括了所有无穷级亚纯函数与无穷级整函数，其整函数表达式的精确性已经超过了布卢门塔尔的结果，赶上了波莱尔关于有穷级整函数的研究。鉴于这一贡献，论文中引入的型函数和定义的无穷级被人们称为"熊氏型函数"和"熊氏无穷级"，载入世界数学史册，奠定了熊庆来在国际数学界的地位。

像"熊氏无穷级"这样被国际上以中国科学家个人姓氏来命名的重要学术成果，直到现在都是凤毛麟角，20世纪30年代更是绝无仅有。熊庆来用自己的聪明才智和刻苦努力，为中国人在世界科学史上争得了一席之地。

⊙扩充链接

卖皮袍资助学生

1921年，熊庆来在东南大学当教授。颇有才华的学生刘光有出国深造的机会，可是却因家境贫寒，支付不起出国费用而快要搁浅，熊庆来和另一位教授共同资助刘光，并且按时给他寄生活费。一次，熊庆来卖掉自己身上穿的皮袍子，给刘光寄钱。刘光成为著名的物理学家后，经常满怀深情地说："教授为我卖皮袍子的事十年之后才听到，让我热泪盈眶，刻骨铭心，他对我们这一代多么关心，付出多么巨大的热情和挚爱呀！"

"微分几何之父"陈省身

⊙拾遗钩沉

1984年5月，一位年逾古稀的华裔学者神采奕奕走上以色列国会的主席台，以色列总统贺索亲手把沃尔夫数学奖颁发给这位老者，以表彰他在整体微分几何研究方面的杰出贡献，赢得这一代表国际数学界最高荣誉的他，就是被人们誉为"20世纪伟大几何学家"的美籍华人陈省身教授。评奖委员会高度赞誉陈省身一生对数学的不懈追求，"此奖授予陈省身，因为他在整体微分几何上的卓越贡献，其影响遍及整个数学"。德国数学会把他和法国数学大师E·嘉当并称为"20世纪两大几何学家"。杨振宁还写过一首诗，在国际数学界广为传颂："天衣岂无缝，匠心剪接成。浑然归一体，广邃妙绝伦。造化爱几何，四力纤维能。千古存心事，欧高黎嘉陈。"他把陈省身誉为继世

世界数学大师——陈省身

界数学大师欧几里德、高斯、黎曼、嘉当之后又一位里程碑式的巨匠。

陈省身，1911年10月26日生于浙江嘉兴，1926年，入天津南开大学数学系，在其数学生涯中，几经抉择，努力攀登，终成辉煌。他用内蕴的方法证明了高维的高斯-博内公式，定义了陈省身示性类，在整体微分几何的领域做出了卓越贡献，影响了整个数学的发展，被誉为"现代微分几何之父"。1975年，曾先后主持或创办了三个数学研究所，培养了一批世界知名的数学家。晚年定居南开大学，对中国数学的复兴做出了不可磨灭的贡献。

1931年，陈省身考入清华大学数学系，1934年获硕士学位毕业，成为中国自己培养的第一名数学研究生。1934年9月，陈省身来到汉堡大学留学，德国汉

107

堡大学数学教授布莱希特给他几篇自己新写的论文复印件，仔细阅读后，陈省身发现论文中存在一个漏洞。布莱希特让他设法补正，一个月后陈省身补齐了证明，还对布莱希特的定理有所扩展。他在汉堡的第一篇论文就这样发表在汉堡的数学杂志上。

青年时期的陈省身

1936年夏，陈省身又到法国跟随世界著名的几何大师嘉当学习，在众多学生中，嘉当敏锐地发现了陈省身的才华，特地允许他每两周到自己家里面谈一个小时。陈省身在巴黎紧张学习了10个月，写出3篇论文，一年后离开法国时，他对微分几何已有了相当深刻的理解。

1937年，抗日战争爆发前夕，26岁的陈省身毅然回国，被母校清华大学聘为教授，抗日战争爆发后，几经辗转，他来到清华、北大、南开在昆明组建的临时大学——西南联大任教。诺贝尔奖获得者杨振宁是陈省身在西南联大任教时的高足，他回忆说，有很多学者不大擅长给学生上课，自己的想法有的时候讲不出来，但陈先生讲课非常有条理。"陈先生上课非常奇妙，简直像变戏法一样。一句话就能把我苦思冥想的问题解决，这足见陈先生的大智慧。"在这期间，陈省身每年都有论文在国外发表，数学成就越来越受到国际数学界的瞩目。

1943年，当时世界数学中心美国普林斯顿高级研究院邀请他，仅仅两个月时间，陈省身就在普林斯顿完成了"高斯—邦尼"公式的证明，他认为这是自己一生最得意的文章。接着，他由此又引入以后被称之为"陈省身示性类"的著名工作，对数学乃至理论物理的发展都产生了极其深远的影响。著名几何学家霍普夫称赞陈省身使得"微分几何进入了一个新时代"。

1949年元旦，陈省身一家迁居美国旧金山。他应芝加哥大学聘请前去任教。在芝加哥大学，陈省身培养出10位美国历史上第一批高水准的几何博士。1981年，陈省身在加州大学柏克莱分校筹建以纯粹数学为主的美国国家数学研究所，是第一任所长，直到1984年退休。

在纪念美国数学会成立100周年时，著名数学家奥塞曼指出："使几何学在美国复兴的极有决定性的因素，我想应该是40年代后期陈省身从中国来到美国。"

陈省身教过的学生，有吴文俊、杨振宁、廖山涛、丘成桐、郑绍远等著名学者。

陈省身曾经三次应邀在国际数学家大会上作最高规格的学术演讲：1950年在美国波士顿的剑桥；1958年在苏格兰的爱丁堡；1970年在法国的尼斯。

南开大学数学研究所

早在20世纪80年代初，陈省身就在国内多所著名大学的讲坛上响亮地提出："我们的希望是在21世纪中国将成为数学大国！"从此，"21世纪中国要成为数学大国"这个"陈省身猜想"便在数学界广为流传。

1984年，中国教育部聘请陈省身担任南开大学数学研究所所长。一向醉心于数学研究工作的他，一直不愿担任行政工作，而这次却欣然领命。在任期间，他先后捐款100多万美元，捐书7000余册，并立下遗嘱：将自己遗产的1/3用于南开数学所。他把数学所当成自己的儿女一样呵护与培养，每年都会邀请一些有名的数学专家前来讲学。1985年，陈省身当选为首批中国科学院外籍院士。

2004年12月3日，这位伟大的数学家在天津辞世。就在陈省身辞世一个月前，国际天文学联合会小天体命名委员会将中国国家天文台施密特CCD小行星项目组所发现的永久编号为1998CS2号的小行星命名为"陈省身星"，有人说，是那颗小行星把陈先生给带到了天上。

⊙扩充链接

回到希腊

2010年10月3日，温家宝总理在访问希腊发表的演讲《坚定信心，共克时艰》中引用了陈省身先生的故事："今天早上，我想起数学家陈省身教授。他在临死的时候，用颤抖的手在纸上写下了两个字：希腊。他对亲人们讲，我要回到数学的发源地希腊去了。这件事情一直令我感动。"

中国著名数学家陈建功

⊙拾遗钩沉

2013年6月，在数学家陈建功诞辰120周年之际，杭州师范大学正式成立了陈建功高等研究院，陈建功铜像同时揭幕。

陈建功，字业成，1893年生于浙江绍兴府城里，1909年考入绍兴府中学堂，鲁迅先生当年就在那里执教。1913年毕业后，为了用科学来富国强民，陈建功选择了东渡日本深造的道路。

1914年，陈建功取得官费待遇，考入日本东京高等工业学校学习染色工艺，虽然家境贫寒，但是仍然自筹路费去日本留学。因为数学志趣不减，所以同时又考进了一所夜校——东京物理学校。于是，他白天在东京高等工业学

中国著名数学家——陈建功

校学习染料化工；晚上到东京物理学校学习数学、物理，日以继夜地在两校辛勤学习。1918年他从东京高等工业学校毕业；1919年春，又毕业于东京物理学校。几年中，他不仅培养自己坚韧不拔的毅力，使得学业突飞猛进，为以后打下坚实的基础，而且也养成了珍惜时间的习惯。

1920年，回国不久的陈建功告别新婚的妻子，再度赴日求学。他在仙台考入日本东北大学数学系。1921年大一时，他的第一篇论文在日本《东北数学杂志》上发表。这是我国学者在国外最早发表的一批数学论文之一。从此，人们就对这个中国留学生刮目相看了。在此期间，他努力学习外文，掌握了日、英、德、法、意、俄六国的语言，且能熟练运用日文、英文。

1926年，陈建功第三次东渡，在日本东北帝国大学当研究生，导师藤原松三郎先生指导他专攻三角级数论。当时，作为傅里叶分析主要部分的三角级数论，在国际上处于全盛时期，世界上一流的数学家都在企图解决这一难题：如

何刻划一个能用绝对收敛的三角级数来表示的函数。1928年，陈建功独立地证明了这类函数就是所谓的杨氏卷积函数。他的论文发表后，国际数学界为之震惊。1929年，陈建功通过答辩取得日本理学博士学位，这是在日本获得此殊荣的第一个外国学者。

获得博士学位的当年，在日本数学界已闻名遐尔的陈建功，婉言谢绝了导师留他在日本工作的美意，回到朝思暮想的祖国，浙江大学邵裴之校长聘请到了这位雄才，并委以数学系主任之职。1931年，在陈建功建议下校长请来了微分几何专家苏步青，并请他担任数学系主任。从此两位教授密切合作20余年，逐渐形成了国内外广泛称道的陈苏学派，又称浙大学派，与20世纪40年美国的芝加哥学派和意大利罗马学派三足鼎立于国际数学界。

1937年，抗日战争爆发后，浙江大学从杭州出发，不断西迁，于1940年2月先后抵达贵州遵义、湄潭，并在两地分别建立起浙江大学工学院与浙江大学理学院。陈建功自己只身随校西行，沿途日机轰炸，生活极端困苦，但他表示"一定要把数学系办下去，不使其中断"。

1952年，浙江大学文、理学院并入复旦大学，陈建功、苏步青等教授都调至上海，从此浙大学派学风在复旦大学弘扬。年过花甲的陈建功常常同时指导3个年级的十多位研究生，还给大学生上基础课，他的科研成果和专著不断问世。

陈建功毕生从事数学教学和研究工作，培养出大批数学人才，在数学理论上作出杰出贡献，是中国函数论学科奠基人。在三角级数方面更为突出，是"三角级数论"、"复变函数论"、"实函数论"、"函数逼近论"等数学分支学科带头人，先后在国内外发表数学论文60多篇，著译10多种。

数学界浙大学派另一位教授——苏步青

理论也不可缺少

　　在数学界，几次否定基础理论之必要性的潮流冲来时，陈建功都能理直气壮地加以反驳：掌握理论才能使人站得高，看得远。实践很重要，理论也不可缺少。他指出，不能简单地讲基础理论没有用，有的可能暂时没有用上，但数十年以后可能用得上。虚数刚出现的时候受到非议似乎没有什么用处，上百年之后，不是在力学上有了广泛的应用吗？

自学成才的数学家华罗庚

⊙拾遗钩沉

华罗庚（1910~1985年），国际数学大师，他为中国数学的发展作出了无与伦比的贡献。

1910年华罗庚出生于江苏省金坛县一个小商人家庭，幼时爱动脑筋，因思考问题过于专心常被同伴们戏称为"罗呆子"。初中毕业后，曾入上海中华职业学校就读，因家贫拿不出学费而中途退学，回到金坛帮助父亲料理杂货铺。此后，他顽强自学，仅有一本《代数》、一本《几何》和一本缺页的《微积分》，用5年时间学完了高中和大学低年级的全部数学课程。19岁那年崭露头角，写出了著名论文《苏家驹之代数的五次方程式解法不能成立的理由》，被清华大学数学系主任熊庆来教授发现，邀请他来清华大学。

华罗庚早年的研究领域是解析数论，在解析数论方面的成就举世瞩目，国际间赫赫有名的"中国解析数论学派"就是他开创的，该学派对于质数分布问题与哥德巴赫猜想作出了许多不同凡响的贡献。华罗庚在多复变函数论、矩阵几何学方面的卓越成就，推动了世界数学的发展。成为国际上出名的"典型群中国学派"，他在多复变函数论，典型群方面的研究，领先西方数学界达10多年，为此华裔数学家丘成桐高度称赞：华罗庚先生是难以比拟的天才。

数学家——华罗庚

华罗庚是中国数学领域里解析数论、矩阵几何学、典型群、自守函数论等多方面研究的创始人和开拓者。他一生为我们留下了《堆垒素数论》、《指数和的估价及其在数论中的应用》、《多复变函数论中的典型域的调和分析》、《数论导引》、《从单位圆谈起》、《数论在近似分析中的应用》以及《计划经济范围最优化的数学理论》等学术著作，已成为20世纪数学的经典著作。此外，还有学术论文150余篇，科普作品《优选法评话及其补充》、《统筹法评话及补充》等均编辑到《华罗庚科普著作选集》之中。

20世纪40年代，华罗庚解决了高斯完整三角和的估计这一历史难题，得到了最佳误差阶估计；对G.H.哈代与J.E.李特尔伍德关于华林问题及E.赖特关于塔里问题的结果作了重大的改进，三角和研究成果被国际数学界称为"华氏定理"。

华罗庚积极倡导应用数学与计算机的研制，在发展数学教育和科学普及方面做出了重要贡献。在代数方面，他证明了历史长久遗留的一维射影几何的基本定理；给出了体的正规子体一定包含在它的中心之中这个结果的一个简单而直接的证明，被誉为嘉当–布饶尔–华定理。

华罗庚是当代自学成才的科学巨匠、蜚声中外的数学家；他写的课外读物成为中学生们打开数学殿堂的神奇钥匙；在中国的广袤大地上，到处都留有他推广优选法与统筹法的艰辛足迹……

20世纪40年代后期，应美国伊利诺斯大学之聘，华罗庚去那里当教授，在那里享受着优越的生活和良好的科研环境：4间卧室，2间浴室，还有一间可容纳五六十人开酒会的客厅。大学给他配备了4个助手、1个打字员。但是，新中国成立的消息一传来，华罗庚却毅然踏上了返回祖国的旅程。他激动地说："为了抉择真理，我应当回去！为了国家民族，我应当回去，我应当回去！"

1983年10月，华罗庚重游美国，接受了美国科学院外籍院士的荣誉称号。这是美国科学院120年历史上前所未有的。美国科学院院长在向华罗庚致词时意味深长地说："他是一个自学出身的人，但他教育了千百万人。"

⊙扩充链接

妙法思考名题

华罗庚12岁进入金坛县立初级中学学习，便深深爱上了数学。一天，老师出了一道《孙子算经》中有名的算题："今有物不知其数，三三数之剩二，五五数之剩三，七七数之剩二，问物几何？""23！"老师的话音一落，华罗庚的答案就脱口而出。当时的华罗庚并未学过《孙子算经》，他是用如下妙法思考的："三三数之剩二，七七数之剩二，余数都是二，此数可能是 $3\times7+2=23$，用5除之恰好余3，所以23就是所求之数。"

四、有趣的计算思维问题

鸡兔同笼

⊙ 拾遗钩沉

鸡兔同笼是中国古代的数学名题之一。1500年前，《孙子算经》中就记载了这一趣题："今有雉兔同笼，上有三十五头，下有九十四足，问雉兔各几何？"用现代文说，就是有若干只鸡兔同在一个笼子里，从上面数，有35个头，从下面数，有94只脚。问笼中各有几只鸡和兔？

孙子算经

运用假设法来解题。

1.假设全是鸡：$2 \times 35 = 70$（只）

鸡脚比总脚数少：$94 - 70 = 24$（只）

兔：$24 \div (4-2) = 12$（只）

鸡：$35 - 12 = 23$（只）

2.假设鸡和兔子都抬起一只脚，笼中站立的脚：$94 - 35 = 59$（只）

然后再抬起一只脚，鸡两只脚都抬起就摔倒了，只剩下用两只脚站立的兔子。

笼中站立的脚：$59 - 35 = 24$（只）

兔：$24 \div 2 = 12$（只）

鸡：$35 - 12 = 23$（只）

3.假如让鸡抬起一只脚，兔子抬起2只脚，笼中站立的脚：$94 \div 2 = 47$（只）

脚与头的总数之差，就是兔子的只数：$47 - 35 = 12$（只）

鸡：$35 - 12 = 23$（只）

4.假如鸡与兔子都抬起两只脚，笼中站立的脚：$94 - 35 \times 2 = 24$（只）

这时鸡是屁股坐在笼中，站立的只有兔子的脚，而且每只兔子只有两只脚站立，所以

兔：$24 \div 2 = 12$（只）

鸡：35−12=23（只）

5.假如把兔子的两只脚用绳子捆起来，此时鸡兔总的脚数是：35×2=70（只）

比题中所说的少：94−70=24（只）。

现在，假如松开一只兔子脚上的绳子，总的脚数就会增加2只，即：70+2=72（只），再松开一只兔子脚上的绳子，总的脚数又增加2，2，2，2……，直至增加24，因此

兔：24÷2=12（只）

鸡：35−12=23（只）

我们来总结一下此题的解题思路之一：先假设它们全是鸡，根据鸡兔总数就可以推算出在假设条件下共有几只脚，把得到的脚数与题中给出的脚数相比较，每差2只脚就说明有1只兔，将所差的脚数除以2，就可以推算出共有多少只兔。

概括起来，解鸡兔同笼题的基本关系式：

兔数=（实际脚数−每只鸡脚数×鸡兔总数）÷（每只兔子脚数−每只鸡脚数）

我们也可以采用列方程的办法：

设兔子的数量为x，鸡的数量为y

$x+y=35$

$4x+2y=94$

解得：兔子12只，鸡23只。

对于复杂的鸡兔同笼题，还可以利用其他数学方法来解决。

如大小35只猴去采桃。猴王不在时，一只大猴一小时可采15千克，一只小猴一小时可采11千克。猴王在场监督时，大小猴每小时都可以多采12千克。它们一天采桃8小时，共采了4400千克桃子。这个猴群中，共有小猴多少只？

这道题是由鸡兔同笼题转变而来。因为在这道题目中大猴与小猴的只数和猴王在场与不在场的时间都是未知的，直接采用假设法解决问题会非常复杂。但是，如果在解决问题中能够巧妙运用转化方法，将复杂的问题转化为简单的问题，将未解决的问题转化为已解决的问题，这道看起来很复杂的问题解决起来就会变得很简单。

第一步，将猴王在场转化为猴王不在场。

从题目中可知猴王在场监督时，每只大小猴每小时可多采12千克，设猴王

在场监督x小时，没有猴王在场监督，每只大小猴都要少采$12x$千克，35只大小猴共少采$35×12x=420x$千克。用总数去掉少采数，即$4400-420x$千克，就把题目中猴王在场与不在场的两种情况统一为只有猴王在场的一种情况。

第二步，将8小时转化为1小时。

因为$4400-420x$千克是35只大小猴8小时采桃的数量，35只大小猴一小时采桃：$\dfrac{4400-420x}{8}$千克。将8小时采桃数转化成1小时采桃数，这道复杂的鸡兔同笼题就变成一道基本的鸡兔题："大小猴共35只一起去采桃。一只大猴一小时可采15千克，一只小猴一小时可采摘11千克，每小时大小猴子共采摘水蜜桃$\dfrac{4400-420x}{8}$千克。这个猴群中共有小猴多少只？"

下面就可以用解决鸡兔同笼题的假设法来解答本题了。

假设35只猴子全是大猴，那么每小时采桃$15×35=525$千克，比实际多采桃$525-\dfrac{4400-420x}{8}$千克。因为每只小猴每小时比大猴少采桃$15-11=4$千克，所以共有小猴：

$$\left(525-\dfrac{4400-420x}{8}\right)÷4=\dfrac{420x-200}{8×4}=\dfrac{105x-50}{8}$$

因为小猴的数量是整数，即$105x-50$要能够被8整除，即$x=2$。

所以共有小猴$（105×2-50）÷8=20$只。

鸡兔同笼题可以有多种变化，解题方法也应该多种多样。思考问题时可以运用多种数学思想来达到解题最优化的效果。

⊙扩充链接

抽屉原理（中国古题）

桌上有10个苹果，要放到9个抽屉里，无论怎样放，有1个抽屉里至少放2个苹果，这就是我们所说的"抽屉原理"。其一般含义为："如果每个抽屉代表一个集合，每一个苹果就可以代表一个元素，假如有n+1或多于n+1个元素放到n个集合中去，其中必定至少有一个集合里有多于1个的元素。"抽屉原理也可以成为鸽巢原理："如果有5个鸽笼，养鸽人有6只鸽，那么当鸽飞回笼中后，有一个笼子中装有至少2只鸽子"，这是组合数学中一个重要的原理。

及时梨果

⊙拾遗钩沉

元代数学家朱世杰于1303年编著的《四元玉鉴》中有这样一道题目：

九百九十九文钱，及时梨果买一千，

一十一文梨九个，七枚果子四文钱。

问：梨果多少，价几何？

《四元玉鉴》

此题的题意是：用999文钱买得梨和果一共1000个，梨11文买9个，果4文买7个。问买梨、果各几个，各付出多少钱？

解答时，由11文买梨9个、7枚果需要4文钱，可知

梨的单价：$11 \div 9 = 1\frac{2}{9}$（文）

果的单价：$4 \div 7 = \frac{4}{7}$（文）

果的个数：$\left(1\frac{2}{9} \times 1000 - 999\right) \div \left(1\frac{2}{9} - \frac{4}{7}\right) = 343$（个）

梨的个数：$1000 - 343 = 657$（个）

梨的总价：$1\frac{2}{9} \times 657 = 803$（文）

果的总价：$\frac{4}{7} \times 343 = 196$（文）

运用假设法来解这道题：

假定这1000个全部是梨子，则所需要的总金额数：$1\frac{2}{9} \times 1000 = 1222\frac{2}{9}$（文）

比实际用去的总数多：$1222\frac{2}{9} - 999 = 233\frac{2}{9}$（文）

于是，用果子来调换梨子。每调换一个，总金额数就会减少$\left(1\frac{2}{9} - \frac{4}{7}\right)$

所以，果子的个数：$233\frac{2}{9} \div \left(1\frac{2}{9} - \frac{4}{7}\right) = 343$（个）

梨子的个数：$1000 - 343 = 657$（个）

119

进一步可知，买梨子花去的钱数：$1\dfrac{2}{9}\times657=803$（文）

买其他果子花去的钱数：$\dfrac{4}{7}\times343=196$（文）

所以买梨657个，买其他果子343个；买梨花去803文，买其他水果花去196文。

⊙扩充链接

百羊问题（中国古题）

《算法统宗》有一题：甲牵一只肥羊走过来问牧羊人："你赶的这羊大概有100只吧。"牧羊人回答道："假如这群羊加上一倍，然后加上原来这群羊的$\dfrac{1}{2}$，再加上原来这群羊的$\dfrac{1}{4}$，把你牵着的这只肥羊也算进去，刚好凑满100只。"请您算算牧羊人赶的这群羊共有多少只？

从珠算到神威蓝光系统

两鼠穿墙

⊙拾遗钩沉

《九章算术》"盈不足"一章有：今有垣厚五尺，两鼠对穿。大鼠日一尺，小鼠亦一尺。大鼠日自倍，小鼠日自半。问：何日相逢？各穿几何？

题意是：有垛厚5尺的墙壁，大小两只老鼠同时从墙的两面，沿一直线相对打洞。大鼠第一天打进1尺，以后每天的进度是前一天的2倍；小鼠第一天也打进1尺，以后每天的进度是前一天的 $\frac{1}{2}$ 。问它们几天可以相遇？相遇时各打进多少尺？

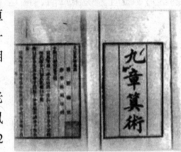

九章算术的刻本

第一天大鼠打进1尺，小鼠1尺，一共2尺，还剩3尺；

第二天大鼠打进2尺，小鼠 $\frac{1}{2}$ 尺，共2 $\frac{1}{2}$ 尺，两天共打进4 $\frac{1}{2}$ 尺，还剩 $\frac{1}{2}$ 尺。

第三天大鼠可打4尺，小鼠可打 $\frac{1}{4}$ 尺，可现在只剩 $\frac{1}{2}$ 尺没打通，所以在第三天内肯定可打通。

设大鼠第三天打 x 尺，小鼠则打 $\left(\frac{1}{2}-x\right)$ 尺

打洞时间相等，列方程： $x \div 4 = \left(\frac{1}{2}-x\right) \div \frac{1}{4}$

解方程得： $x = \frac{8}{17}$ ，即大鼠在第三天打了 $\frac{8}{17}$ 尺，小鼠在第三天打了 $\frac{1}{2} - \frac{8}{17} = \frac{1}{34}$ （尺）

大鼠三天共打：3 $\frac{8}{17}$ 尺，小鼠三天共打：5-3 $\frac{8}{17}$ =1 $\frac{9}{17}$ （尺）

第三天大小鼠打洞时间： $\frac{8}{17} \div 4 = \frac{2}{17}$ （天），加上前两天，三天大小鼠打洞时间：2 $\frac{2}{17}$ （天）。

浮屠增级（中国古题）

程大位《算法统宗》中，有一首歌谣《浮屠增级》。

远看巍巍塔七层，红光点点倍加倍，共灯三百八十一，请问尖头几盏灯？

这首古诗描述的这个宝塔，古称浮屠。本题说它一共有7层宝塔，每层悬挂的红灯数是上一层的2倍，问这个塔顶有几盏灯？

隔壁分银

⊙拾遗钩沉

只闻隔壁客分银，不知人数不知银；

四两一分多四两，半斤一分少半斤。

试问各位能算者，多少客人多少银？

这道题是我国民间一道流传较广的著名诗题。题中的"斤"和"两"是旧重量单位，进率为1斤=16两。所以，题里的"半斤"即8两。用通俗的话来说题意是：若干人均分若干两银子，如果每人分4两，则多银子4两；若每人分8两，则又少银8两。问：人数和银两各是多少？

在题目中，银子的分配有两种方案。按第一种方案分配，则银两有盈余；按第二种方案分配，则银两又不足。解题时，我们就是根据其盈亏情况 求未知数。在数学里，这类计算题称为"盈亏问题"或"盈不足问题"。

解此题，可依题意，画一线段图如下：

方案一 ┌── 每人4两 ──┐

银两数 └─────── 多4两 ──┐

方案二 ┌── 每人半斤 ──┐ 少半斤 ┐

可看出，两种分配方案会使得用于分配的银两数量相差（半斤+4两），即相差8+4=12（两）。

为什么会相差12两呢？

因为第一方案每人只分4两，而第二方案每人分半斤，两者相差了8-4=4（两）。每人相差4两，总数就相差12两，可知参与分配银子的人数是：12÷4=3（人）

用于分配的银子数量是：4×3+4=16（两）

列成综合算式，则是

（8+4）÷（8-4）=12÷4=3（人）················· 人数

4×3+4=16（两）······························ 银数

123

⊙扩充链接

戏放风筝（中国古题）

三月清明节气，蒙童戏放风筝，托量九十五尺绳，被风刮起空中，量得上下相应，七十六尺无零，纵横甚法问先生，算了多少为平？

可根据题意分析：风筝绳长是直角三角形的斜边$c=95$尺，风筝高度$b=76$尺，求风筝在地面上的投影到蒙童之间的距离a是多少尺？

李白打酒

四、有趣的计算思维问题

⊙拾遗钩沉

李白街上走，提壶去打酒；遇店加一倍，见花喝一斗；

三遇店和花，喝光壶中酒。试问酒壶中，原有多少酒？

我国唐代伟大的浪漫主义诗人李白，平时爱喝酒作诗，所谓"李白斗酒诗百篇"嘛。这一道诗算题，就是民间根据他的这一特点编写的。

题中的"打酒"，即买酒；"喝一斗"中的"斗"，既是古代的一种酒器，也是一种容量单位。题意为：李白的酒壶中原来有酒若干。他提壶上街闲游时，每遇酒店，就让壶中酒量增加1倍，而每见鲜花，便喝酒吟诗，饮去1斗。如此"遇店"、"见花"各三次，就把所有的酒全喝光了，问李白的酒壶里原有酒多少？

唐代浪漫主义诗人——李白

从题意上看，李白是先"遇店"后"见花"的。我们不妨从题目最后的"三遇花和店，喝光壶中酒"开始，根据题意逐步作还原逆推演算：

第三次"见花"前——壶内有酒1斗；

第三次"遇店"前——壶内有酒 $1 \div 2 = \frac{1}{2}$ 斗；

第二次"见花"前——壶内有酒 $\frac{1}{2} + 1 = 1\frac{1}{2}$ 斗；

第二次"遇店"前——壶内有酒 $1\frac{1}{2} \div 2 = \frac{3}{4}$ 斗；

第一次"见花"前——壶内有酒 $\frac{3}{4} + 1 = 1\frac{3}{4}$ 斗；

第一次"遇店"前——壶内有酒 $1\frac{3}{4} \div 2 = \frac{7}{8}$ 斗；

125

上面这些分步逆推演算的式子，若将其综合起来，便是：

$$[（1÷2+1）÷2+1]÷2=\frac{7}{8}$$

这就是说，壶中原来有酒 $\frac{7}{8}$ 斗。

"还原问题"又称"逆推问题"。它的解法，通常是从最后的结果入手，逐步向前推理，做相反的运算。即"原加改减，原减改加；原乘改除，原除改乘"。上面正是运用这种办法来解答的。

⊙扩充链接

沽酒探亲朋（中国古题）

李白沽酒探亲朋，路途遥远有四程；一程酒量添一倍，却被书童喝六升；行到亲朋家里面，半点全无空酒瓶。借问高明能算士，瓶内原有多少升？

这也是根据李白喜爱饮酒的特点而编出来的一道著名的民间诗算题，其实未必真有此事。

五、中国现代计算机
的崛起之路

331型军用数字计算机

⊙拾遗钩沉

1958 年，军事工程院海军工程系党委决定成立 331型军用数字计算机（后改为 901型舰载计算机）研制组，从事鱼雷快艇指挥仪的研制工作。

这台计算机的研制负责人是国防科技大学教授、海军装备论证研究中心总工程师柳克俊少将。柳克俊是哈尔滨工业大学第一届苏联导师培养的研究生，毕业后被分在哈军工海军工程系工作，他第一眼就瞄准电子计算机这个新兴领域。屈指算来，从1946年2月15日美国工程师莫奇里研制出世界上第一台计算机，到中国人开始动手触摸这个领域，仅仅11年的时光。当时柳克俊刚刚30岁出头，成为哈军工计算机事业的科研代表人物，带领一批20多岁的年轻人开始进行研制。

信息工程专家——柳克俊

50年后，柳克俊少将回忆说，"当时整个中国还没有电子数字式计算机，我也没见过那玩意。而且那时工作量非常大，时间非常紧，只能利用业余时间收集资料，从逻辑代数、自动机理论、数值计算、程序编程等方面开始研究。当我把自己想搞计算机的初步设想与方案向系领导请示时，领导们十分支持。1957年9月政委的批示我现在还保留着，并常常打开来看，'柳克俊同志的报告，写得很好，同意搞。只要有中国人的志气，就一定能搞好。相信一定会搞好！'最后领导决定在三系三科（水中兵器科）研制第一台电子式计算机，当时被命名为331计算机，我是技术总负责人。于是计算机的研究正式上马了。"

柳克俊少将回忆说，当然，新生事物的诞生不可能一帆风顺的，总是会遇到各种挑战的。听到中国要搞计算机，前苏联顾问就很不服气，"我们苏联才刚刚开始研究计算机，你一个年纪轻轻的柳克俊怎么可能搞出计算机呢？"同时内部也有不少人反对。但是，经过积极宣传，讲解计算机的优越性、重要性以及它的发展前景，争取到各方面的支持，工作一直顺利进行。"这样，研究人员从无到有，研究队伍从小到大。在大好形势的激情鼓舞下，大伙干劲冲天，日夜奋战，1958年国庆前夕，我国第一台军用电子数字式计算机终于研制成功！"

331大型模拟计算机

1958年9月28日，经过分调、联调、正确性调试、稳定性调试、初步考核和试算，结果正确，表明901型舰载计算机研制成功。1959年6月由海司负责组织了901型舰载计算机鉴定会，认为军事工程学院在国内首次制造出专用机，也是中国第一台军用计算机，它为计算机的研制提供了经验。

为解决901型舰载计算机体积和重量这一问题，1959年3月成立了901小型化研制组，1961年3月901型舰载计算机确定晶体管化，并被列为国家研制项目，1962年12月，研制出1台实验室内运行的晶体管化的901型舰载计算机。

1964年8月，901型舰载计算机安装到北海183型快舰上进行海试。1971年9月，造船工业领导小组核准901型舰载计算机设计定型，1977年完成生产和产品定型并装备部队，1978年，901型舰载计算机获全国科学大会奖和湖南省科学大会奖。

901型舰载计算机机是哈军工研制的第一台计算机，从1957年起，它经历了电子管、锗晶体管、硅晶体管等3个阶段，前后经过在北海、南海和东海舰队鱼雷快艇部队的多次海上实战试验，到20世纪60年代末装备部队，历时10余年。

⊙扩充链接

组建我国第一个计算机科研小组

华罗庚是我国计算技术的奠基人和开拓者之一。1953年1月3日，在刚刚成立的中国科学院数学所内，华罗庚受命正式组建我国第一个计算机科研小组，1952年在全国大学院系调整时，他从清华大学电机系物色了闵大可、夏培肃、王传英三位科研人员，目标就是研制中国自己的计算机，华罗庚担任筹备委员会主任。 1956年4月，在周恩来总理亲自领导制定12年科技发展远景纲要时，华罗庚被任命为计算技术规划组组长，负责起草我国计算机事业发展的宏伟蓝图，中国科学院计算技术研究所应运而生。

DJS100系列机

⊙拾遗钩沉

1973年5月，当时主管我国计算机工业的四机部，在清华大学召开会议，宣布成立中国DJS-100系列机联合设计组（即电子计算机系列—100），会议提出了我国计算机"大中小结合，中小为主"，发展系列产品的方针政策，提出了要由第二代晶体管计算机向第三代集成电路计算机换代的要求，并规划DJS100小型计算机系列、DJS200大中型计算机系列的联合设计和试制等生产任务，从此拉开了清华大学计算机系为国家研制100系列机的序幕，前后持续十几年。

会后，很快成立了DJS 100系列机联合设计组，以及运控、内存、外设、器件、软件等分组。参加的除清华大学外，还有北京无线电三厂、天津无线电研究所、苏州无线电厂等十来个校外单位。首先要突破研制所需的TTL成套集成电路器件这一难关，为此，清华大学计算机系王尔乾几个月一直住在北京无线电厂现场，和工厂人员配合进行测试。经过共同努力，从1973年6月正式开始，到1974年8月DJS130机第一台样机在清华试验成功，用时仅一年零两个月，

1974年8月，DJS 130小型多功能计算机分别在北京、天津通过鉴定，我国DJS 100系列机由此诞生。DJS 100系列机的机身呈深蓝色，像写字台那样大小，一头是内存柜，另一头是控制与接口柜，中间是操作台，控制面板上众多的指示灯闪烁着神奇的亮光，显示各种不同指令和运行中的状态及运算结果，通过它们可以将一些状态设置成"0"或"1"，组合成各种不同的指令，使计算机按照设计程序执行操作。控制与接口柜中的控制板和接口板上有序排列分布着许多分立元件，与计算机主机配套相连的有电

DJS 130小型多功能计算机

传打字机、穿孔机、纸带输入机等外部设备，但是没有显示器，要了解各种情况，只能看指示灯或直接通过穿孔机、电传打字机输出后再查看。

DJS–130是中小规模集成电路的计算机，运算速度每秒50万次，机器字长16位，内存容量只有32K字节，且是磁芯内存，也没有真正意义上的操作系统，软件与美国DG公司的NOVA系列兼容。该产品在十多家工厂投产，至1989年底共生产了1000台。

⊙ 扩充链接

仿制前苏联计算机

1956年和1957年，中方获得了前苏联M–3计算机资料和M–20计算机部分资料。根据有关协定，科学院结合中国的具体情况，在国内仿制苏式M–3和M–20，依靠国内的科技人员和技术工人进行生产、安装、调试，于1958年和1959年先后仿制成功，定名为103机和104机。这标志着中国计算技术的建立工作跨入了一个重要阶段。仿制计算机成功后，我国许多科学重大课题纷纷上机运算，我国第一颗原子弹的有关科学计算就是由104机实现的。

仿制苏联计算机的103机

DJS-050微型机

⊙拾遗钩沉

1973年，作为电子工业的主管部门，四机部（后改为电子工业部）决定由清华大学、安徽无线电厂、四机部六所成立DJS-050微型机联合设计组，以Intel的8008作为蓝本，研制DJS-050微处理器和微型计算机。

接到任务后，安徽无线电厂微机研制小组立即开展准备工作，安徽无线电厂负责整机设计、软件设计和外部设备（键盘、打印机、光电纸带输入机）的研制，清华大学电子系负责集成电路的研制，四机部六所负责推广应用，三个单位十多人组成的联合设计组，在安徽无线电厂一起攻关。

当时，微处理器、微型计算机技术问世时间不太长，1971年美国Intel公司发明了4004微处理器，这是世界上最早的4位微处理器，它开创了计算机发展、应用的新局面。1973年Intel推出8位的8008、8080微处理器，才促使很多公司相继投入微处理器的研发，如MOTOROLA的MC6800，ZILOG的Z80，RCA的1802，ROCKWELL的6502等微处理器。当时国防科工委下文由中科院计算所所长吴几康教授组成研究分析组进行分析研究，认为我国发展大规模集成电路及微处理器、微型计算机势在必行。

DJS-050微型机联合设计组借用显微镜等分析仪器分析了Intel 8008、8080以及1974年面市的MOTOROLA 6800等芯片中的关键技术，认为我国大规模集成电路的研究基础和装备均不够，不具备研制类似于Intel 8008、8080这样集成度的单片微处理器的条件。而DJS 050微处理器和微型计算机项目的关键是能否研制出国产的微处理器芯片。于是设计组

DJS-050微型计算机

133

选择了化整为零的技术路径，将8位微处理器分解为15种组件，由31片电路组成中央处理器，这些中小规模的集成电路与当时清华自控系半导体车间的工艺水平相当。

在四机部、北京市科委的大力支持与清华大学多个系协作下，最终研制成功DJS-050所需的所有芯片，清华大学电子系（后改为自控系）因此成为国内MOS电路的发祥地。经过两年的努力，1977年4月23日，我国第一台微型计算机DJS-050在合肥诞生，并通过了国家计算机工业总局主持的鉴定。

1977年4月研制成功的DJS-050微型计算机，是国内最早研制生产的8位微型计算机。该机字长8位，基本指令76条，时钟主频150kHz，ROM2K字节，直接寻址范围64K字节，最短指令执行时间2微秒。配有小键盘（54个干簧键），小打印机（64种字符，每行24个字符，重7.5千克），小光电机（重3千克）。该机与Intel公司8080系列微型计算机完全兼容，也是国内使用较多的机型。

1984年，中国计算机工业概览会将DJS 050列为我国自制的第一台微型计算机。

⊙扩充链接

生物计算机

生物计算机又称仿生计算机，主要原材料是生物工程技术产生的蛋白质分子，并以此作为生物芯片，利用有机化合物存储数据。其信息以波的形式传播，当波沿着蛋白质分子链传播时，会引起蛋白质分子链中单键、双键结构顺序的变化。它的运算速度要比当今最新一代计算机快10万倍，且具有很强的抗电磁干扰能力，能彻底消除电路间的干扰，而能量消耗仅相当于普通计算机的十亿分之一。生物计算机还具有生物体的一些特点，如能发挥生物本身的调节机能，自动修复芯片上发生的故障，模仿人脑的机制等。目前，生物芯片仍处于研制阶段，在生物传感器的研制方面已取得不少实际成果。

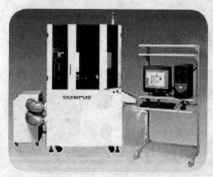

现代生物计算机

ZD-2000汉字智能终端

⊙拾遗钩沉

1978 年，中国人民解放军启动作战指挥自动化工程，自动化的关键是信息处理的自动化，通俗地讲，就是告别首长守着电台、参谋拿着电文东奔西走的落后的指挥方式，这就需要研制出一种方便、便携的中文信息处理设备。由于中文字数繁多，当时除了笨重的大中型计算机能储存外，微型机无能为力，无法适应实战要求。为解决作战指挥自动化中的中文信息处理需求，第二炮兵部队（中国战略导弹部队）第二研究所张翔等奉命于1979年10月开始研制中文信息处理系统。

通过出国访问，对如何解决计算机的汉字信息处理问题，张翔形成了清晰而坚定的思路，这就是尽可能利用世界现有的先进技术，"踩着美国、日本两个计算机巨人的肩膀"，走中西文兼容的路。在研制过程中，张翔提出许多设计方案，最典型的是"活汉字库"的逻辑结构，解决了当时的PC机汉字信息处理的关键问题。他比照西文"字符发生器"扩充了一个可读可写256个汉字的"活汉字库"，另将数千汉字存放在EPROM汉字库，叫做"外汉字库"，使用时CPU从外汉字库读取汉字点阵，写入活汉字库，数千汉字就都能够显示出来了。张翔还研制出计算机辅助设计点阵汉字生成系统，使用收集的大量汉字数据，在短时间内就赶制出几千个汉字点阵。

经过艰辛的研制，1980年初，他们终于闯出了一条在西文终端加上汉字模块的新路，10月成功研制出第一台中西文兼容的实用型汉字智能终端VDDS。尔后，对

中国第二炮兵原副司令——张翔

基于西文计算机信息处理基础上的全部软件进行了汉化，形成了VDDS汉字智能终端与 VT-60计算机联机开发，从而构成了我国早期的中文信息处理系统，既能将VDDS改造成能带有软硬两个汉字库显示汉字，又能通过它与小型机联机编辑汉字文件、作战指令、战勤通报等。利用小型机多终端联机功能，还能将一个终端汉字文档传递到另一个终端，从而达到二级作战指挥信息互通的要求。1980年底，用此系统。二炮二所首次成功地进行了我国全汉化作战指挥系统的功能演示。

ZD-2000智能汉字终端机在军内得到广泛应用，它推动了汉字打印机的革命，产生了新的编辑机，将机要中的编码与通信紧密地结合在一起，减少了人工译报、抄报、编辑过程，所以报路非常快，受到广大指战员的热烈欢迎。该系统是我国第一套计算机中文信息处理系统，为我军乃至我国信息化建设奠定了基础，在军内外产生了较大影响，此系统荣获军队科技进步一等奖。

⊙扩充链接

汉字信息处理技术

1978年，"111汉字信息处理实验系统"实现了汉字的输入、编码、存储、显示、打印等功能，并首次实现联想输入法。20世纪80年代初，CCDOS成为我国第一个汉字操作系统，带动了中文软件平台的开发。1983年，王永民发明"王码五笔字型"输入法，突破了汉字数字化的瓶颈，并被迅速推广。1984年，联想公司推出了联想汉卡。1985年，北大方正研制的激光照排Ⅱ型机成为我国第一个实用照排系统。1988年，金山公司开始了中文字处理系统WPS的开发，填补了我国计算机文字处理的空白……现在，人们可以方便地用汉字输入计算机文档和手机短信，汉字与计算机技术实现了完美的结合。

王码五笔输入法的发明者——王永民

GF20/11A汉字微机系统

⊙拾遗钩沉

　　科学研究往往是相辅相成的，以大型机和巨型机为研究方向的中科院计算所，在看到英特尔、摩托罗拉、Rockwell等计算机公司角逐8位微处理器市场，敏锐地觉察到微机巨大的应用潜力，提出了多项基于微处理器的系统研制项目，其中，极为重要的就有微机汉字操作系统。

　　相对于拼音文字的西方信息处理方式而言，中文信息处理要处理的常用汉字多达6000个以上，汉字总数更是高达5万多字，在当时计算速度和存储容量十分有限的硬件条件下，这是一个令人无法逾越的难题。从1980年开始，中科院计算所对汉字输入技术、汉字输出技术、汉字字型技术和汉英兼容技术展开了全方位的研究，1983年，在Zilog公司Z80微处理器架构上研制成功我国第一套汉字微机操作系统GF20/11A。之后，GF20/11A在汉字处理技术上的设计思想和开拓性的工作，推动了CCDOS等基于PC的汉字操作系统的发展。

　　GF20/11A汉字微型计算机系统的构成，包括8位微型计算机、汉字图形显示器、X–Y绘图机、软磁盘机和调制解调器等。CPU采用Z80A，通过地址转换机构可寻址1MB。该机可作为独立的汉字处理系统使用，也可以与其他计算机联机使用，还可作为通用微机使用。通过电话或电报通信网，还可进行远程汉字信息传输。显示器同时兼有英文、汉字和图形几种显示方式，英文、汉字可以混合使用。该机配备了汉字屏幕编辑程序、汉字字典和汉字字库的生成及维护程序，以及屏幕造字程序等。可以与PDP11等进口计算机兼容，实现汉字文件传递，它是国内最早完成的汉字微机实用系统。1982年，在中科院科研成果展览会上

GF20汉字微型计算机

展出，1984年，荣获中科院科技成果一等奖。

GF20/11A汉字微型计算机系统，根据汉字处理的特殊要求而专门设计，具有强大的较齐全的功能。该机还配备了较大的随机和磁盘存储器，各种汉字、图形输入输出设备以及丰富的汉字处理、通信和应用软件。汉字操作系统与CP/M 2.2版本兼容，并相应提高了汉字和内存及磁盘间的自动调度功能。在操作系统这一级能识别汉字和英文字母，并对它们进行同等处理。

⊙扩充链接

巨型计算机

所谓巨型计算机，实际上是一个巨大的计算机系统，被称为"经济转型和科学研究加速器"，其作用主要用来承担极其重大的科学研究项目、国防尖端技术和国民经济领域的特大型计算课题及数据处理任务。包括大范围天气预报，研究洲际导弹、宇宙飞船，探索原子核物理，整理卫星照片等，而制定国民经济的发展计划，项目众多，时间紧迫，要综合考虑多种多样的复杂因素，依靠巨型计算机才能较顺利地完成。

巨型计算机银河-I

⊙拾遗钩沉

在国防科技大学计算机学院宽敞明亮的机房里，矗立着一个由7个机柜组成的红黄相间的圆柱形大机柜。这就是该校于1983年12月研制成功的、我国自行设计的第一台每秒运算速度达亿次的巨型计算机——"银河-I"。它的诞生，使我国成为继美国、日本之后，第三个能独立设计和研制巨型机的国家。

"银河-I"巨型计算机

研制银河巨型机的迫切性不是一般人能想象得出的：当时国家气象部门急需巨型机做中长期天气预报，航空航天部门急需巨型机来减少日益昂贵的风洞实验经费，石油勘探部门急需巨型机作出三维地震数据处理，而研制新一代导弹核武器，更需要进行大量的数值计算和模拟来计算核武器的杀伤效能等等数据。某部门租用了外国一台中型计算机，对方提出的条件却是必须由外方控制使用，中国人不得进入主控室。因此邓小平发出掷地有声的讲话："中国要搞四个现代化，不能没有巨型机！"

1975年10月和1977年秋，国防科工委主任张爱萍上将先后两次指示国防科技大学计算机研究所对巨型机研制进行调研。1978年3月，中央军委主席邓小平专门听取了关于计算机发展情况的汇报，明确由国防科工委系统承担亿次机研制任务。面对邓小平的信任与重托，担任银河-I巨型机研制的总指挥和总设计师慈云

中国巨型计算机之父——慈云桂

139

桂教授立下了军令状。

他们充分利用对外开放的有利条件，设计出与中国国情相符且与国际主流巨型机兼容的中国亿次巨型机设计方案，并很快组织精兵强将攻关，在新技术、新工艺、新理论的探索中，与国际主流巨型机相比，使银河巨型机在10个方面都有创造性的提高和发展，它的问世填补了国内巨型机的空白。

1983年12月22日，"银河-I"巨型机在长沙诞生，标志着全国科学大会提出的到1985年"我国超高速巨型计算机将投入使用"的目标提前两年实现，使我国跨进了世界巨型机国家的行列。"银河-I"是由主机系统和外围系统组成的，各模块功能相对独立，接口清晰，可扩充性强，具有易读性、可维修性和可靠性的特点，是当时我国运算速度最快、存贮容量最大、功能最强的电子计算机。"银河-I"的研制成功，对石油、地质勘探、中长期气象预报、卫星图像处理、计算大型科研题目和国防建设具有极其重要的推动作用。

1983年12月26日，"银河-I"巨型机正式通过国家技术鉴定，张爱萍上将亲自挥笔题名"银河"，并题诗一首："亿万星辰汇银河，世人难知有几多。神机妙算巧安排，笑向繁星任高歌。"中央军委主席邓小平亲自签署命令，为研制者们荣记集体一等功，称赞计算机研究所是一支"国防科研战线上敢于进取，能打硬仗的先进集体"。

1992年11月19日，"银河-Ⅱ"10亿次巨型机通过国家鉴定，填补了我国面向大型科学工程计算和大规模数据处理的并行巨型计算机的空白。1997年6月19日，"银河-Ⅲ"百亿次并行巨型机在北京通过国家鉴定。该机采用分布式共享存储结构，面向大型科学与工程计算和大规模数据处理，基本字长64位，峰值性能为130亿次，有多项技术居国内领先，综合技术达到国际先进水平。

银河系列巨型机的应用，为我国高科技发展奠定了坚实的基础。如在气象领域，我国自主开发的第一个全面向量化的大型应用软件"高分辨率中期预报模式银河高效软件系统"，使完成24小时天气预报的运行时间由过去的1.07万秒缩短为3 900秒，它还在抗洪救灾等特殊时期的天气预报中发挥了不可替代的重要作用。此外，从航空航天等高科技领域到银行、保险、财会、税务、邮电、交通等与人们日常生活密切相关的行业，银河系列巨型机都显示出强大的威力。

⊙扩充链接

光计算机

光计算机是由光代替电子或电流，实现高速处理大容量信息的计算机。它的基础部件是空间光调制器，通过光内连技术，在运算部分与存储部分之间进行光连接，达到高速计算的效果。可直接对存储部分进行并行存取，打破了传统的用总线将运算器、存储器、输入和输出设备相连接的体系结构。其运算速度极高、耗电极低。光计算机目前尚处于研制阶段。

长城100DJS-0520微机

⊙拾遗钩沉

1983年10月23日，日内瓦国际电信展上，穿着一套不太合身西服的严援朝，站在一台微机旁，向来来往往穿梭的人们兴奋地作着介绍。而一旁展台上的苏联054的机器，这种8位机三年前就在中国问世了。这次中国带来参展的计算机，是16位机，微处理器最新，它装有汉字系统，这就是长城100DJS-0520微机。

1981年，IBM宣布了个人电脑的诞生。到1983年，其全球销量已超过52万台。为尽快打入中国市场，IBM公司主动派人来谈成立合资企业的事，但因拒绝转让IBM高新技术而宣告谈判破裂。此时中国微机业销售疲软，产品积压，资金缺乏，决策者们意识到改革势在必行，开拓新路生死攸关。原国家计算机工业管理局副局长王之在和IBM

长城微机主要设计者——严援朝

专家交流中形成了一套完整清晰的思路：引进国际上的先进技术、设备和器件，集中组织一批青年骨干封闭式自主研发微机。于是十几个平均年龄只有24岁的年轻人凭借着一腔热情和局里提供的几台做实验用的机器，在北京马甸立交桥外祁家豁子的一个招待所里租了几间小房子，大干了起来。

功夫不负有心人，1985年，中国第一台中文化、工业化、规模化生产的微型计算机——长城0520CH研制成功，其汉字处理水平等项性能超过了当时包括IBM在内的国际知名品牌。这是中国计算机工业发展史上具有历史意义的一个里程碑！

同年11月，美国拉斯维加斯一个庞大的计算机工业展览会上，中国长城

长城0520微型机

0520CH以其优越的性能引起了观众的轰动。12月，美国《商业周刊》上刊登了一幅漫画，一艘中国式海船，扬帆破浪而来，桅杆顶端五星红旗迎风招展；船头一台人格化的长城微机挥动右臂向人们致意。原来这是一篇《中国"长城"参加个人计算机的竞争》新闻报道的插画。这家周刊惊呼"它是中国向美国计算机资本的第一次突然袭击"，国内权威媒体盛赞"长城0520CH引发了一个产业的诞生"。

1986年8月7日，北京，在长城0520CH高级中文微型计算机设计生产定型鉴定会上，专家认为，这项成果标志着我国微型计算机技术开始进入国际先进行列。有关单位试用表明，这种新型微机可靠性高，保密性强，功耗较低，与国内广泛使用的微机高度兼容，完全可以与国际上同类高级中文微机一决高低。

自此，我国在计算机领域第一次拥有同国际领先技术同等的话语权。

⊙扩充链接

长城软件

长期以来，长城软件致力于为中国电子政务建设和行业信息化提供高品质的产品与服务，在行业应用、系统集成、咨询服务、软件外包、软件增值销售与服务、培训等主要业务方面，形成了一整套卓越的技术支撑体系和覆盖全国的市场与服务体系，在工商、税务、专利、社保、公安、审计、统计、政法、知识产权、教育和金融等多个领域都拥有大量软件应用及系统集成建设的成功经验。"金税"、"金信"、"金盾"、"金保"、"金审"、"金宏"等国家金字工程项目的建设经历，印证了长城软件承担大型工程项目建设的雄厚实力。

汉王联机手写汉字识别系统

⊙拾遗钩沉

2002年2月1日，人民大会堂召开国家科技奖励大会，汉王联机手写识别技术获得了国家科技进步一等奖，汉王科技成为继联想、方正之后荣获这一最高国家科技奖项殊荣的IT企业。

计算机手写输入是非键盘输入法的一个重要分支，它既简化了输入过程，又为我们保留了书法习字的乐趣，使人们在信息时代重新找回了笔走龙蛇的古韵。在手写输入领域激烈的市场竞争中，汉王正是依靠其联机手写识别系统卓越优势，使自己一直保持着业界领先地位，就连一向只向别人收钱的微软公司都不得不购买其技术授权，与此相反，众多本地软件企业却被国际软件巨头逐渐挤出市场。

汉王成立之初，手写输入市场尚处于沉睡状态，公司的业绩难尽人意，摩托罗拉公司的"慧笔"进军中国，铺天盖地的广告和市场推广活动将手写笔市场唤醒。于是汉王凭借专有技术优势，将自己的产品捆绑IBM公司的 Viavoice 语音识别技术，与摩托罗拉公司一决高低，击败了"慧笔"，牢牢把握了市场主动权。为了将自己的技术优势集中转变为市场竞争优势，汉王还选择了开展技术授权的方式。它先后与国内外30余家企业签订了手写笔技术或产品的OEM合作协议，微软、恒基伟业、联想、TCL、长城、东芝、日立、康柏、诺基亚、名人、震旦等国内外知名电脑厂商、PDA厂商，甚至一些手机厂商均跟汉王合作。

20世纪80年代，汉王科技总裁刘迎建就开始了对手写识别方法的专题研究，成为国内该领域最早的研究人员之一。刘迎建带领的项目组成功地开发出世界第一台联机手写汉字识别在线装置，并获得国家发明专利。他先后推

汉王科技总裁——刘迎建

出了联机手写汉字识别系统第一、二、三版，攻克了不限笔顺的识别问题，找到了语义句法模式识别方法，加强提高了对连笔书写的识别能力，不断增强手写输入的识别率。

现在，汉王授权微软使用的手写识别技术在Microsoft Windows CE中文版中已经获得全面应用，这意味着中国自有知识产权的软件技术成果，成功运用在移动和消费类电子产品的操作系统中人机交互技术这一核心部件。在第二次向微软授权的手写识别核心软件中，汉王使用了其最新研发的连笔识别技术，大大提高了对连笔字的识别率和识别速度，压缩了存储空间。与微软的成功合作，表明中国软件业正在不断走向成熟。

目前，汉王联机手写汉字识别系统对正楷的识别率达到了理论极限，尤其汉字行草书识别问题获得解决，使得联机手写识别技术在实际应用上产生了质的飞跃，手写汉字变得更自然、更方便，同时，在识别范围扩大到2.7万多字，字体有简体字、繁体字、香港字等，除了文字识别，汉王还拥有指纹识别、人脸识别、车牌号识别、轨迹识别等系统，广泛应用于电子消费品、保安系统和交通管理系统中，充分体现了汉王科技的"专注电脑中国特色"为己任孜孜以求、不懈奋斗的精神。

⊙扩充链接

与人类互动的计算机

借助人工智能技术，科学家正在研制一种能够声音激活的计算机系统，它能以自然的并具有智能的方式跟人类互动。人工智能技术将帮助计算机来适应用户的声音，最后的目标是使得它们能听懂并理解用户所说的话，还要像人一样作出回应。这项技术将帮助人们通过改进现有的声音，来激活计算机设备，并开发语音在线搜索功能和语音控制自动家电系统。这些将极大地改善独居老年的生活质量。

全对称多处理机系统——"曙光一号"

⊙拾遗钩沉

　　"曙光一号",即"曙光一号共享存储多处理机系统",这是1993年我国自行研制的第一台全对称紧耦合共享存储多处理机系统(SMP),它是用微处理器芯片(88100微处理器)构成的定点,其速度达到每秒6.4亿,主存容量最大768 MB。在研制过程中,"曙光一号"实现了一系列的技术突破,包括在对称式体系结构、操作系统核心代码并行化和支持细粒度并行的多线程技术等方面。1993年10月国家作出技术鉴定,认为"曙光一号"是863高技术计划信息领域的一项重大成果,已经达到90年代初同类计算机的国际先进水平。

"曙光一号"共享存储多处理机系统

　　1992年3月,针对国内购买硬件器件速度慢,操作系统、部件与工具厂商技术支持弱,高密度生产技术缺乏等因素,中国科学院计算所国家智能计算机研究开发中心组织课题组成员到美国硅谷进行"曙光一号"的封闭式开发,在"人生能有几回博"的口号鼓舞下,开始了为期11个月的"美国洋插队"的生活。1992年9月,其硬件设计完成,10月主板设计完成并进入PCB板的设计和生产,11月左右中断控制器的FPGA完成。1992~1993年初步调试。软件设计和调试与硬件并行展开,与硬件的开发速度基本相符。

　　1993年2月,课题组带着已初步调试好的几块"曙光一号"主板回到国内,在国内开始联调及软件的移植工作,两个月后基本完成调试工作,并逐一完成了Express编程环境、计算性能测试与优化、数据库移植与事务处理的测试等任务。

　　1993年10月由科技部组织国内的专家学者开展了"曙光一号"成果的技术

鉴定工作，受到大家的一致好评，科学院副院长胡启恒称赞"曙光一号"不失时机紧紧咬住了国际高性能计算机发展的"尾巴"。

1994年3月，"曙光一号"并行计算机作为代表性科技成就被李鹏总理写入政府工作报告；1994年3月 获电子部"1993年电子十大科技成果"奖；1994年获中国科学院科技进步特等奖；1995年获国家科技进步二等奖。

从1993起，在国家863计划支持下，智能机中心和曙光公司先后成功研制了曙光一号多处理机、曙光1000大规模并行机、曙光1000A、曙光2000-I、曙光2000-II、曙光3000和天潮1700机群结构超级服务器，以及面向网格应用的曙光4000L和曙光4000A。在"九五"攻关计划支持下，又同时先后推出曙光Internet服务器、高可用服务器、NT机群系统和安全服务器，在不断发展的形势下，曙光高端服务器已经形成一条完整的"天潮"系列产品线。

⊙ 扩充链接

"天河一号"超级计算机

我国首台千万亿次超级计算机叫"天河一号"，2010年9月开始系统调试与测试，然后分步提交用户使用。2010年11月14日，国际TOP500组织在网站上公布了最新全球超级计算机前500强排行榜，"天河一号"排名全球第一；2011年，被日本超级计算机"京"超越。2012年6月18日，国际超级电脑组织公布的全球超级电脑500强名单中，

"天河一号"计算机

"天河一号"在全球排名第五位。

深腾6800超级计算机

⊙拾遗钩沉

自20世纪70年代第一台超级计算机诞生以来，世界各国就展开了激烈的角逐。随着信息时代的到来，一场提升核心计算力，增强国家竞争力的超级计算机战更是愈演愈烈，为此，我国"863计划"中，设立了"高性能计算机及其核心软件"这一专项，把突破下一代信息基础设施即网格的关键技术作为其主要研究目标，以便把高性能计算服务送到科教、企业、政府等各方面用户的桌面上，推动我国网格应用及其产业的快速发展，从而提高我国的综合国力和国际竞争能力。因此，高性能计算机成为这一重大课题的关键之一。

国家网格主结点深腾6800超级计算机的研制成功，是国家863计划的重大成果之一。根据权威测算，深腾6800超级计算机峰值运算速度达到每秒5.324万亿次，Linpack实际运算速度每秒4.183万亿次，整机效率为78.5%。在2003年11月16日公布的全球最新超级计算机500强（TOP500）排行榜中，实际运算速度排行第14位，效率在高端超级计算机中排行第2位。而在权威的事务处理能力TPC-H测试的性能比较中，深腾6800排行世界同类系统第四，体现出很强的事务处理和数据库服务能力。从这一意义上看，中国不仅在核心计算能力上可以与国外发达国家媲美，而且，中国企业联想公司也在高端商用领域与国际品牌具备了较强的竞争力。

深腾6800系统包括265个四路结点机，它将广泛应用于大规模科学工程计算、商务计算和网络信息服务的各个领域。

在大规模科学工程计算方面，它已经成为石油勘探开发、气象预报、核能与水电开发利用、各类航天器及飞机汽车舰船设计模拟、生物信息处理、新药设计开发筛选、基础科学理论计算的有力工具。深腾6800系统已经在石油、气

深腾6800超级计算机

神威蓝光系统

⊙拾遗钩沉

2011年9月11日上午，落户国家超级计算济南中心的神威蓝光，是国内首台全部采用国产中央处理器和系统软件构建的千万亿次计算机系统，标志着我国成为继美国、日本之后第三个能够采用自主CPU构建千万亿次计算机的国家。神威蓝光存储容量2000万亿字节，相当于六个国家图书馆的全部藏书量，峰值运算速度为1.07千万亿次，比20万台普通笔记本同时运算还要快。

"神威蓝光"的超级计算机

神威蓝光拥有四大亮点：一是全部采用国产中央处理器。有关专家坦言："如果高速网络和中央处理器这两个超级计算系统的核心部件我们都能够实现国产化，就意味着我们的超算实现了自主可控。""掌握核心技术对于打破国际垄断，增强国家综合实力，提高人民生活质量有重大意义。现在国外对核心科技保护得很厉害，有了自主研发的能力，我们就没有必要再受制于人了。"

二是稳定性较好。神威蓝光系统在Linpack九个多小时全过程测试中，没有发生一次故障，测试三次就能出一个Linpack测试结果。这对于超级计算机来说非常关键。

三是采用液冷技术，节能。验收会上，世界超级计算机TOP500项目领导者、美国田纳西大学计算机科学家杰克·唐加拉大感"吃惊"。他说："神威蓝光展示了一种复杂的液冷系统——通过百脉泉纯净水在冷板内部的封闭水循环带走主板热量，几乎不损耗水且无噪声，先进环保，这是超级计算机设计上的一项重大进步。""就像三明治夹心，水冷板被紧紧地夹在两块中央处理器象、流体力学等领域成功运行了一批应用软件，表现出很高的性能，比如它能在半小时内精确预报奥运会主会场及周边地区36小时内的天气。

在大规模商务计算方面，它成为银行、证券、税务、邮政、社会保险等行业和电子政务、电子商务等新兴应用主服务器的理想选择。

在大规模信息服务方面，它在各类门户网站、信息中心、数据中心、流媒体中心、电信交换中心和大型企业信息中心应用中赢得优势。基于海量存储的数据大集中已是势在必行，具有64位地址空间的深腾6800更是风光无限。

⊙扩充链接

大张旗鼓地研制亿亿级超级计算机

据英国广播公司（BBC）报道，美国国防部高级研究计划局正在大张旗鼓地研制亿亿级超级计算机，该计算机每秒能够进行亿亿次浮点运算，其运行速度将比目前世界上运算速度最快的计算机Jaguar（美洲豹）快1000倍左右，该研究计划希望达到"让计算机彻底改头换面"的目标。

板中间，无缝同步散热，所以尽管它高速运行，却听不见风扇的噪声。"有关专家指出，通常一台千万亿次级超级计算机每年大约要消耗一个中型核电站的发电量，不过神威蓝光功耗极低，只有1兆瓦，美国最快的超级计算机美洲豹约为7兆瓦，我国的"天河一号"也接近4兆瓦。正因为世界领先的散热系统设计，神威蓝光每年的电费只需要大约2000万元。

美国计算机科学家
——杰克·唐加拉

四是高密度封装。神威蓝光仅仅靠9个运算机柜就达到了千万亿次规模，因为一个机仓（机柜）里可装入1024颗中央处理器。要知道，排名靠前的计算机动不动就达数百上千个机柜，而神威蓝光只需要100多个机柜。

⊙扩充链接

世界超算第一位

2013年6月17日，2013年国际超级计算大会在德国莱比锡举行。世界超级计算机TOP500组织正式发布了第41届世界超级计算机500强排名榜，由中国国防科技大学开发的"天河二号"超级计算机，今年以峰值计算速度每秒5.49亿亿次、持续计算速度每秒3.39亿亿次双精度浮点运算的优异性能位居榜首，标志着中国自2010年11月"天河一号"成为500强榜单第一位的超级计算机之后，又一次返回到世界超算第一位。